国家级一流本科课程系列教材

"十二五"普通高等教育本科国家级规划教材

教育部高等学校材料类专业教学指导委员会规划教材

材料科学基础
考试试题与解析
第三版

陶杰 姚正军 薛烽 等编著

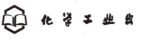

·北京·

内 容 简 介

《材料科学基础考试试题与解析》(第三版)是配合材料科学与工程专业"材料科学基础"课程的教学、学生课后练习及考研复习而编写的辅导书,配套主教材为《材料科学基础》(第三版)。包括模拟试题十六套及解析与参考答案、三所高校近年硕士研究生入学考试试题与参考答案等。本书采用活页装订,以试卷的形式直观呈现,方便读者模拟测试使用;数字资源配有在线习题、详细的试题解析等应用,并将持续改进完善。其中试题答案与解析为付费资源,为读者提供在线增值服务,供不同院校师生按需选择使用。本书可供材料科学与工程、金属材料与工程、冶金工程等材料类专业师生以及科研技术人员参考,也可作为远程教学、网上学习效果自测的辅导材料。

图书在版编目(CIP)数据

材料科学基础考试试题与解析/陶杰等编著.—3版.—北京:化学工业出版社,2021.4(2023.7重印)
ISBN 978-7-122-38811-7

Ⅰ.①材⋯ Ⅱ.①陶⋯ Ⅲ.①材料科学-研究生-入学考试-题解 Ⅳ.①TB3-44

中国版本图书馆CIP数据核字(2021)第052934号

责任编辑:王 婧 杨 菁　　　　　　装帧设计:王晓宇
责任校对:边 涛

出版发行:化学工业出版社(北京市东城区青年湖南街13号　邮政编码100011)
印　　装:中煤(北京)印务有限公司
787mm×1092mm　1/16　印张16½　字数412 千字　2023年7月北京第3版第2次印刷

购书咨询:010-64518888　　　　　　　售后服务:010-64518899
网　　址:http://www.cip.com.cn
凡购买本书,如有缺损质量问题,本社销售中心负责调换。

定　　价:79.00元　　　　　　　　　　　　　　　　版权所有　违者必究

第三版前言

"材料科学基础"是材料科学与工程专业一门重要的专业基础课程,是必修主干课程,也是研究生入学的必考课程。该门课程具有概念多、理论抽象、涉及知识面广等特点,使学习者颇感困难。随着教育部一流课程建设的不断推进,对材料科学与工程专业的主干课程"材料科学基础"也提出了更高要求。"材料科学基础"旨在培养学生掌握材料科学与工程研究的科学原理、科学方法和基本的创新方法,针对复杂材料工程问题建立合理的数学模型,能够运用数学、自然科学和工程科学的基本原理分别描述位错的运动、材料的宏观扩散规律等复杂工程问题,进而培养学生对材料工艺和设备进行优化、调整和改进的基本能力,使学生能够利用扩散理论、金属凝固理论、固态相变理论、材料强化方法、金属材料的变形与再结晶理论等对相关工艺与设备等工程问题进行设计与优化。因此,为了帮助本科生的课程学习和考研生的入学备考,全面系统地理解本课程的基本原理,提升灵活运用这些基本原理分析问题、解决问题的能力,特编写了此书。

全书包括模拟试题十六套及解析与参考答案、三所高校(东南大学、南京航空航天大学和江苏大学)近年硕士研究生入学考试试题与参考答案等。模拟试题一~试题六主要涉及晶体学基础、固体材料的结构、凝固、相图和固态相变的基本原理等内容,模拟试题七~试题十六主要涉及扩散、晶体缺陷、材料表面与界面、金属材料的变形与再结晶和非金属材料的应力应变行为与变形机制等内容。为保持各校试题的原貌和完整性,在编著本书时,对部分重复的试题和内容未作改动。试题答案与解析为付费资源，为读者提供在线增值服务，供不同院校师生按需选择使用。

本书可供材料科学与工程类专业师生以及从事科研、教学、生产等方面的科研技术人员参考，也可作为远程教学、网上学习效果自测的辅导材料。

本次修订由陶杰提出修订提纲，统稿由陶杰、薛烽、张平则和姚正军共同完成。参加本书修订的人员：张平则、姚正军（试题一～试题三及解析与参考答案）、薛烽（试题四～试题六、试题十一～试题十二及解析与参考答案）、陶杰、汪涛（试题七～试题九及解析与参考答案）、邵红红（试题十三～试题十五及解析与参考答案）、陶杰、沈一洲（试题十六及解析与参考答案）。东南大学周健副教授、白晶副教授为部分试题提供了解答，南京航空航天大学许杨江山参与了部分插图和文字编辑工作，在此谨致谢意。

因编著者水平有限，书中不妥之处在所难免，恳请读者批评指正。

笔者

2020 年 12 月于南京

目录

1 第一部分
模拟试题、解析与参考答案 / 001

试题一 / 002
试题二 / 004
试题三 / 006
试题四 / 008
试题五 / 013
试题六 / 018
试题七 / 023
试题八 / 026
试题九 / 028
试题十 / 030
试题十一 / 034
试题十二 / 038
试题十三 / 041
试题十四 / 043
试题十五 / 045
试题十六 / 047

2 第二部分
硕士研究生入学考试试题与参考答案 /051

东南大学 2012 年硕士研究生入学考试试题 / 052
东南大学 2013 年硕士研究生入学考试试题 / 063
东南大学 2014 年硕士研究生入学考试试题 / 076
东南大学 2015 年硕士研究生入学考试试题 / 089
东南大学 2016 年硕士研究生入学考试试题 / 102
东南大学 2017 年硕士研究生入学考试试题 / 112

东南大学 2018 年硕士研究生入学考试试题 / 121
东南大学 2019 年硕士研究生入学考试试题 / 133
南京航空航天大学 2012 年硕士研究生入学考试试题 / 143
南京航空航天大学 2013 年硕士研究生入学考试试题 / 149
南京航空航天大学 2014 年硕士研究生入学考试试题 / 160
南京航空航天大学 2015 年硕士研究生入学考试试题 / 171
南京航空航天大学 2016 年硕士研究生入学考试试题 / 180
南京航空航天大学 2017 年硕士研究生入学考试试题 / 187
南京航空航天大学 2018 年硕士研究生入学考试试题 / 194
南京航空航天大学 2019 年硕士研究生入学考试试题 / 202
江苏大学 2012 年硕士研究生入学考试试题 / 209
江苏大学 2013 年硕士研究生入学考试试题 / 215
江苏大学 2014 年硕士研究生入学考试试题 / 220
江苏大学 2015 年硕士研究生入学考试试题（金属学与热处理） / 226
江苏大学 2016 年硕士研究生入学考试试题（金属学与热处理） / 231
江苏大学 2017 年硕士研究生入学考试试题（金属学与热处理） / 237
江苏大学 2018 年硕士研究生入学考试试题（金属学与热处理） / 244
江苏大学 2019 年硕士研究生入学考试试题（金属学与热处理） / 251

参考文献 / 258

第一部分 模拟试题、解析与参考答案

试题一

一、名词解释
1. 非晶体 2. 成分过冷 3. 同素异构转变 4. 相 5. 共聚反应 6. 重心法则

二、简答题
1. 影响置换固溶体溶解度的因素有哪些？它们是如何影响的？
2. 说明常见高聚物分子链的键接方式及其对聚合物性能的影响。
3. 金属凝固的必要条件是什么？试用热力学定律解释原因。
4. 按照硅氧四面体在空间的组合情况，硅酸盐结构可以分成哪几种？
5. 在晶体的宏观对称性中，包含哪 8 种最基本的对称元素？
6. 合金中相平衡的条件是什么？写出 Gibbs 相律并解释各参数含义。

三、镁的原子堆积密度和所有 HCP 金属一样，为 0.74。试求镁单位晶胞的体积（已知 Mg 的密度 $\rho_{Mg}=1.74\text{g/cm}^3$，原子量为 24.31，原子半径 $r=0.161\text{nm}$）。

四、已知 Cd、Zn、Sn、Sb 等元素在 Ag 中的固溶度（摩尔分数）极限分别为 $x_{Cd}=42.5\%$、$x_{Zn}=20\%$、$x_{Sn}=12\%$、$x_{Sb}=7\%$，它们的原子直径分别为 0.3042nm、0.314nm、0.316nm、0.3228nm，Ag 为 0.2883nm。试分析其固溶度（摩尔分数）极限差别的原因，并计算它们在固溶度（摩尔分数）极限时的电子浓度。

五、液体金属在凝固时必须过冷，而再加热使其熔化却不需过热，即一旦加热到熔点就立即熔化，为什么（现给出一组典型数据作参考：以金为例，$\gamma_{SL}=0.132\text{J/m}^2$、$\gamma_{LV}=1.128\text{J/m}^2$、$\gamma_{SV}=1.400\text{J/m}^2$ 分别为液-固、液-气、固-气相的界面能）？

六、组元 A 和 B 在液态完全互溶，但在固态互不溶解，且形成一个与 A、B 不同晶体结构的中间化合物，由热分析测得下列数据。

B 含量 (质量分数)/%	液相线温度 /℃	固相线温度 /℃
0	—	1000
20	900	750
40	765	750
43	—	750
50	930	750
63	—	1040
80	850	640
90	—	640
100	—	800

1. 画出平衡相图，注明各区域的相、各点的成分及温度，并写出中间化合物的分子式（A 原子量为 28，B 原子量为 24）。

2. 100kg B 含量为 20%（质量分数）的合金在 800℃平衡冷却到室温，最多能分离出多少纯 A？

七、下图是 A-B-C 三元系统相图，根据相图回答下列问题。

1. 写出点 P、R、S 的成分。

2. 设有 2kg 的 P，问需要多少何种成分的合金 Z 才可混熔成 6kg 成分为 R 的合金。

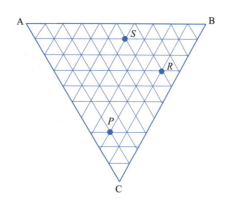

试题二

一、名词解释
1. 短程有序 2. 结构基元 3. 合金 4. 间隙化合物 5. 共缩聚反应 6. 直线法则

二、简答题
1. 固体材料中有几种原子结合键？哪些为一次键？哪些为二次键？
2. 在晶体的宏观对称性中，包含哪 8 种最基本的对称元素？
3. 典型金属的晶体结构有哪些？其间隙分别包含哪些类型？
4. 简述影响大分子链柔性的因素。
5. 为什么说绿宝石（其结构式为 $Be_3Al_2[Si_6O_{18}]$）结构可以成为离子导电的载体？
6. 金属凝固的必要条件是什么？试用热力学定律解释原因。

三、
镍为面心立方结构，其原子半径 r_{Ni} = 0.1246mm。试确定在镍的（100）、（110）及（111）平面上 1mm² 中各有多少个原子。

四、
试分析 H、N、C、B 在 α-Fe 和 γ-Fe 中形成固溶体的类型、存在位置和固溶度（摩尔分数）（各元素的原子半径：H 为 0.046nm、N 为 0.071nm、C 为 0.077nm、B 为 0.091nm、α-Fe 为 0.124nm、γ-Fe 为 0.126nm）。

五、
已知液态纯镍在 1.1013×10^5Pa（1 个 atm）、过冷度为 319℃时发生均匀形核。设临界晶核半径为 1nm，纯镍的熔点为 1726K，熔化热 ΔH_m=18075J/mol，摩尔体积 V_x=6.6cm³/mol，请计算：
1. 纯镍的液–固界面能和临界形核功；
2. 若要在 1726K 发生均匀形核，需将大气压增加到多少 [已知凝固时体积变化 ΔV = −0.26cm³/mol（1J=9.87×10⁵Pa·cm³）]？

六、
一个二元共晶反应为 $L_{W_B=0.75} \rightleftharpoons \alpha_{W_\beta=0.15}+\beta_{W_\beta=0.95}$，求：
1. W_B = 0.5 的合金凝固后，$α_初$ 与共晶体（α + β）共晶的相对量；α 相与 β 相的相对量。
2. 若共晶反应后，$β_初$ 和（α + β）共晶各占一半，问该合金的成分如何？

七、
下图是 A-B-C 三元系统相图，根据相图回答下列问题。
1. 在图上划分副三角形，用箭头表示各条线上温度下降方向及界线的性质。
2. 判断化合物 D、M 的性质。
3. 写出各三元无变量点的性质及其对应的平衡关系式。
4. 写出组成点 G 在完全平衡条件下的冷却结晶过程。

5. 写出组成点 H 在完全平衡条件下的冷却结晶过程，写出当液相组成点刚刚到达 E_4 点和结晶结束时各物质的百分含量（用线段比表示）。

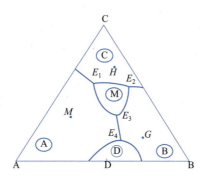

试题三

一、作图题

1. 在立方晶系的晶胞图中画出以下晶面和晶向：(102)、($11\bar{2}$)、($\bar{2}1\bar{3}$)、$[110]$、$[11\bar{1}]$、$[1\bar{2}0]$和$[\bar{3}21]$。

2. 根据吉布斯自由能曲线作出相图（$T_1 > T_2 > T_3 > T_4 > T_5$）。

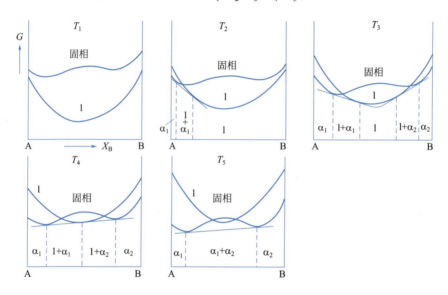

二、简答题

1. 欲确定一成分为18%Cr、18%Ni的不锈钢晶体在室温下的可能结构是FCC还是BCC，由X射线测得此晶体的（111）面间距为0.21nm，已知BCC铁的a=0.286nm，FCC铁的a=0.363nm，试问此晶体属何种结构？

2. 晶体结合键与其性能有何关系？

3. C原子可与α-Fe形成间隙固溶体，请问C占据的是八面体间隙还是四面体间隙？为什么？

4. 按照硅氧四面体在空间的组合情况，硅酸盐结构可以分成＿＿＿、＿＿＿、＿＿＿、＿＿＿和＿＿＿几种方式。硅酸盐晶体就是由一定方式的硅氧结构单元通过其他＿＿＿联系起来而形成的。

5. 如何理解高聚物分子量的多分散性？高聚物的平均分子量及分子量分布宽窄对高聚物性能有何影响？

三、试问：在铜（FCC，a=0.361nm）的〈100〉方向及铁（BCC，a=0.286nm）的〈100〉方向，原子的线密度为多少？

四、C 和 N 在 γ-Fe 中的最大固溶度（摩尔分数）分别为 x_C=8.9%、x_N=10.3%。已知 C、N 原子均位于八面体间隙，试分别计算八面体间隙被 C、N 原子占据的百分数。

五、纯金属的均匀形核率可以表示为

$$\dot{N} = A\exp\left(-\frac{\Delta G^*}{kT}\right)\exp\left(-\frac{Q}{kT}\right)$$

式中，$A \approx 10^{35}$；$\exp(-Q/kT) \approx 10^{-2}$；$\Delta G^*$ 为临界形核功；k 为玻耳兹曼常数，共值为 1.38×10^{-23} J/K。

1. 假设过冷度 ΔT 分别为 20 ℃和 200 ℃，界面能 $\sigma = 2 \times 10^{-5}$ J/cm²，熔化热 ΔH_m=12600J/mol，熔点 T_m=1000K，摩尔体积 V=6cm³/mol，计算均匀形核率 $\dot{N}$。
2. 若为非均匀形核，晶核与杂质的接触角 θ=60°,则 $\dot{N}$ 如何变化？ΔT 为多少？
3. 导出 r^* 与 ΔT 的关系式，计算 r^*=1nm 时的 $\Delta T/T_m$。

六、已知 A（熔点 600℃）与 B（熔点 500℃）在液态无限互溶，固态时 A 在 B 中的最大固溶度（质量分数）为 w_A=0.3，室温时为 w_A=0.1；但 B 在固态和室温时均不溶于 A。在 300℃时，含 w_B=0.4 的液态合金发生共晶反应。试绘出 A-B 合金相图；并分析 w_A=0.2 的合金室温下组织组成物和相组成物的相对量。

七、某三元合金 K 在温度 t_1 时分解为 B 组元和液相，两相的相对量 W_B/W_L=2。已知合金 K 中 A 组元和 C 组元的质量比为 3，液相 B 含量为 40%，试求 K 合金的成分。

试题 四

一、选择题（单选，每题 2 分，共 24 分）

1. 纯铁（Fe）中如果存在铁的同位素原子 Fe*，则下列说法正确的是（　　）。
   A. 由于没有浓度梯度，故 Fe 原子不会发生扩散
   B. Fe* 原子的扩散属于间隙扩散
   C. 扩散达到稳态阶段即停止
   D. 可发生空位扩散

2. 上坡扩散是指（　　）。
   A. 从浓度低处向浓度高处扩散
   B. 从浓度高处向浓度低处扩散
   C. 从化学势高处向化学势低处扩散
   D. 从化学势低处向化学势高处扩散

3. 根据相律（假设 $\Delta P=0$），有（　　）。
   A. 单元系的两相平衡反应可以在某个温度区间内进行
   B. 二元系的三相平衡反应可以在某个温度区间内进行
   C. 三元系的三相平衡反应可以在某个温度区间内进行
   D. 三元系的四相平衡反应可以在某个温度区间内进行

4. 正常凝固的特征包括（　　）。
   A. 属于平衡凝固
   B. 平衡分配系数（k_0）和有效分配系数（k_e）相等
   C. $k_0>1$
   D. 固液界面处存在边界层

5. 凝固时非均匀形核的形核功（ΔG^*）、接触角（θ）和晶核与杂质的界面能（$\sigma_{\alpha w}$）之间的关系为（　　）。
   A. $\sigma_{\alpha w}$ 越小，θ 越小，ΔG^* 越小
   B. $\sigma_{\alpha w}$ 越小，θ 越小，ΔG^* 越大
   C. $\sigma_{\alpha w}$ 越小，θ 越大，ΔG^* 越小
   D. $\sigma_{\alpha w}$ 越小，θ 越大，ΔG^* 越大

6. 关于三元相图中的连接线，下列说法正确的是（　　）。
   A. 连接线是一组平行线
   B. 连接线可以相交
   C. 连接线是曲线
   D. 通过连接线可确定平衡两相的成分

7. 某成分的合金平衡冷却后得到室温下的组织示意图如下，该合金最可能是（　　）。

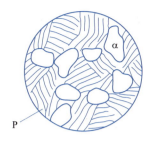

A. Fe-0.02%（质量分数）C　　　　　　B. Fe-0.6%（质量分数）C
C. Fe-0.8%（质量分数）C　　　　　　D. Fe-1.2%（质量分数）C

8. 实际使用的三元相图主要是垂直截面、水平截面或投影图，下列说法错误的是（　　）。

A. 根据液相面投影图可以判断三元系中不同成分合金的初生相
B. 根据综合投影图可以分析不同成分合金的平衡凝固过程
C. 根据垂直截面可以分析某成分合金的平衡凝固过程
D. 根据水平截面可以分析某成分合金的平衡凝固过程

9. 关于马氏体相变，下列说法错误的是（　　）。

A. 转变速度非常快　　　　　　　　　B. 不发生扩散
C. 无形核过程　　　　　　　　　　　D. 转变通常不完全

10. 在下列的材料强化机制中，（　　）可以通过合理的人工时效处理实现。

A. 沉淀强化　　　　　　　　　　　　B. 细晶强化
C. 形变强化　　　　　　　　　　　　D. 固溶强化

11. 下列条件中，（　　）不是纯金属凝固的必要条件。

A. 过冷度　　　　　　　　　　　　　B. 结构起伏
C. 成分起伏　　　　　　　　　　　　D. 能量起伏

12. 关于相图，下列说法正确的是（　　）。

A. 只有匀晶相图中才会发生匀晶转变
B. 不是纯金属也能发生恒温转变
C. 杠杆定理可以在三元系相图（包括水平截面图和垂直截面图）的任意两相区计算两相的相对含量
D. 若某三元系相图的四相平衡区是三角形，则一定是三元共晶相图

二、（9分）回答下列有关扩散的问题。

1. Fe-0.2%（质量分数）C-13%（质量分数）Cr 合金在一定温度下保温时，哪些原子会发生扩散，扩散的机制（类型）分别是什么？

2. C 原子在 α-Fe 中的扩散激活能比其在 γ-Fe 中的扩散激活能小，为何渗碳处理却常常选择在 γ-Fe 的温度范围内进行？

3. 若纯 Fe 和纯 Cr 组成一对扩散偶，分析原子的扩散规律应采用什么定律或方程，写出相应的数学表达式。

三、(12分) 回答下列有关凝固的问题。

1. 单相固溶体在凝固过程中为什么一般形成多晶体而非单晶体？

2. 单相固溶体在凝固过程中是否一定会发生宏观偏析？为什么？

3. 纯金属凝固是否会发生成分过冷，为什么？什么情况下，单相固溶体凝固时会产生成分过冷？画出示意图说明产生成分过冷的原因，并说明影响成分过冷区大小的因素。

四、(12分) 根据下列条件绘制 A、B 的二元相图。

1. A 元素的熔点为 950℃，B 元素的熔点为 600℃。

2. B 在 A 中形成 α 固溶体，室温下溶解度为 5%；A 在 B 中形成 β 固溶体，室温下溶解度为 10%。

3. A、B 组成的二元系中会发生下列恒温反应：

$$L(40\%B) + \alpha(15\%B) \xrightarrow{700℃} \gamma(25\%B)$$

$$L(75\%B) \xrightarrow{450℃} \beta(85\%B) + \gamma(60\%B)$$

4. 室温下 γ 的成分范围为 (30% ~ 45%) B。

五、(16分) 根据 Fe-C 相图，回答下列问题。

1. 写出平衡冷却到室温时的组织中存在二次渗碳体的合金成分范围。

2. 用热分析曲线表示碳含量为 1.5% 的合金平衡冷却过程中发生的转变，写出室温下的组织组成并计算其相对百分含量。

3. 用热分析曲线表示碳含量为 0.5% 的合金平衡冷却过程中发生的转变，并画出室温下的组织示意图。

4. 将纯铁在 800℃进行渗碳处理，经过处理后测得表面碳浓度为 5%，试画出渗碳处理一段时间后该试样的表层组织示意图。若将渗碳处理后的试样进行淬火处理，试样会有什么样的性能特征，为什么？

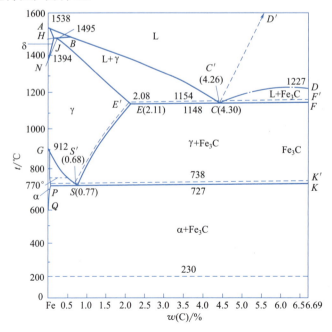

六、(12 分) 根据所示的相图回答以下问题。

1. 该三元系中有什么样的三相和四相平衡反应？写出相应的反应式。
2. 画出图中所标的 Q、T、R 点代表的成分在平衡冷却过程中的热分析曲线，并写出室温下的平衡组织（包括次生相）。

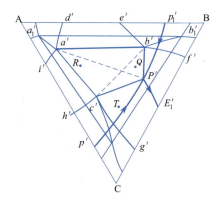

七、(6 分) 根据 Fe-C-Mo 三元相图的液相面投影图，说明 Fe-2%C-40%Mo 合金在平衡冷却过程中的初生相，判断可能发生的四相平衡反应，并写出反应式。

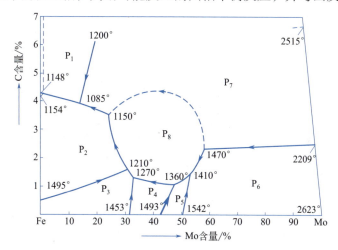

八、(9 分) 根据 Al-Mg 和 Al-Nd 二元相图（如下图所示）回答问题。

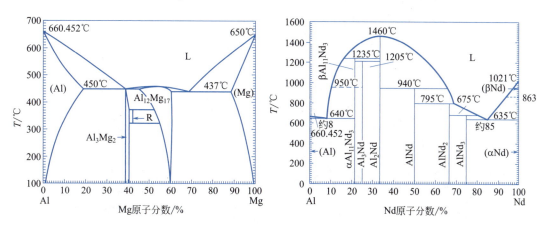

1. Al-10%（原子分数）Mg 合金和 Al-10%（原子分数）Nd 合金在 400℃时组织中分别含有哪些相？

2. 上述两种合金从 400℃快速冷却（淬火）到室温时，性能分别发生什么样的变化？为何？

3. 淬火后的合金在进行人工时效处理时，性能分别发生什么样的变化？为何？

试题 五

一、选择题（单选，每题 2 分，共 30 分）

1. 下列有关扩散的说法，正确的是（　　）。

A. 纯金属中没有浓度梯度，不会发生扩散

B. 扩散只会从高浓度向低浓度方向进行

C. 固溶体中，溶剂原子和溶质原子都发生扩散

D. 间隙扩散激活能通常大于空位扩散激活能

2. 一般来说，下列几种扩散方式中，扩散速度最快的是（　　）。

A. 表面扩散　　　　　　　　B. 晶界扩散

C. 位错扩散　　　　　　　　D. 体扩散

3. 下列系统中不会发生克肯达尔（Kirkendall）效应的是（　　）。

A. Fe-Cr　　　　　　　　　B. Fe-Ni

C. Cu-Ni　　　　　　　　　D. Fe-C

4. 匀晶转变只能发生在（　　）。

A. 二元或者三元匀晶相图中

B. 二元相图或三元相图的液固两相区

C. 二元相图或三元相图任意两相区

D. 二元相图或三元相图三相区以上的两相区

5. 相律是物质发生相变时所遵循的重要规律，在恒压条件（$\Delta P=0$）下，利用相律，可以判断（　　）。

A. 单元系相图中可以存在三相平衡区

B. 二元相图中可以存在三相平衡区

C. 二元相图中可以存在四相平衡区

D. 三元相图中不可以存在四相平衡区

6. Fe-C 相图中有三个恒温反应，下列类型不存在的是（　　）。

A. 共晶　　　　　　　　　　B. 共析

C. 包晶　　　　　　　　　　D. 包析

7. 下列固态相变中，属于非扩散型相变的是（　　）。

A. 脱溶转变　　　　　　　　B. 共析转变

C. 马氏体相变　　　　　　　D. 调幅分解

8. 相图是研究材料的有力工具，关于相图下列说法错误的是（　　）。

A. 可以利用相图判断某合金系平衡转变过程中可能出现的相

B. 可以利用相图分析某成分合金平衡冷却过程中的组织转变

C. 可以利用相图分析某成分合金非平衡凝固冷却过程中的组织转变

D. 可以利用相图分析某成分合金平衡冷却到室温时的组织

9. 垂直截面图是实际使用的三元相图常见形式,利用垂直截面图可以(   )。

A. 分析成分在该垂直截面内的合金的平衡冷却过程

B. 在两相区计算两平衡相的相对量

C. 判断任意三相区发生的平衡转变类型

D. 在液固两相区确定某温度下液相和固相的成分

10. 碳含量为 1.0%(质量分数)的 Fe-C 合金平衡冷却到室温的组织中不可能存在(   )。

A. 共晶渗碳体 B. 共析渗碳体

C. 二次渗碳体 D. 三次渗碳体

11. 关于三元相图,下列说法错误的是(   )。

A. 利用液相面投影图可以判断不同成分合金的初生相

B. 利用垂直截面可以判断该截面内成分合金在不同温度时的相组成

C. 利用水平截面可以判断对应温度下不同成分合金的组织组成和相组成

D. 利用综合投影图可以分析不同成分合金的平衡冷却过程

12. 凝固后材料的晶粒尺寸与形核率(N)和长大速度(v)有关,下列说法正确的是(   )。

A. 形核率(N)越大,晶粒尺寸越大

B. N/v 越大,晶粒尺寸越大

C. 长大速度(v)越小,晶粒尺寸越大

D. v/N 越大,晶粒尺寸越大

13. 纯金属凝固时,均匀形核的难易程度与过冷度有关,则(   )。

A. 过冷度大,原子扩散容易,形核也容易

B. 过冷度大,原子扩散困难,但形核容易

C. 过冷度大,原子扩散容易,但形核困难

D. 过冷度大,原子扩散困难,形核也困难

14. 纯金属凝固时晶体的生长形态取决于界面的微观结构和界面前沿液相中的温度分布,以下通常以明显的树枝状方式生长的是(   )。

A. 微观光滑界面在正的温度梯度下

B. 微观光滑界面在负的温度梯度下

C. 微观粗糙界面在正的温度梯度下

D. 微观粗糙界面在负的温度梯度下

15. 合金在时效过程中通常不直接形成平衡相,而是先形成过渡相,其原因为(   )。

A. 形成过渡相需要的能量势垒低,容易形核

B. 过渡相与母相的成分相同,容易形核

C. 过渡相与母相的结构相同,容易形核

D. 过渡相与平衡相的结构相同,便于平衡相形核

二、（9分）组元 A 和 B 形成的二元相图如图 1 所示，假设有图 2 所示的一对扩散偶，请回答下列问题。

1. 将扩散偶在 1200℃长时间加热，请画出扩散偶内的组织示意图。

2. 上题中长时间加热后的扩散偶组织中是否存在两相区？如是，请写出这两相；如否，请说明原因。

3. 若 A、B 原子半径相差较大，可能形成间隙固溶体；若 A、B 原子半径相差较小，可能形成置换固溶体。上述两种固溶体内的原子扩散机制是否相同？扩散问题可以用什么定律或者方程解决？

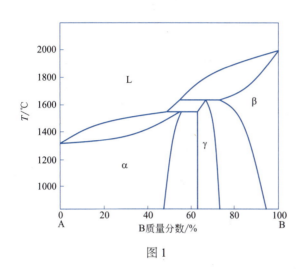

图 1

图 2

三、（10分）某二元系由 A、B 两组元组成，根据下列数据绘制概略的 A-B 二元相图。

1. 组元 A 的熔点为 550℃，组元 B 的熔点为 750℃。

2. α 是 B 在 A 中的固溶体，β 是 A 在 B 中的固溶体。

3. 室温下 B 在 α 中的溶解度为 2%（质量分数），A 在 β 中的溶解度为 5%（质量分数）。

4. A 和 B 具有下列恒温反应（式中均为质量分数）：

① $L(30\%B) \xrightleftharpoons{300℃} \alpha(10\%B) + \gamma(40\%B)$

② $L(75\%B) \xrightleftharpoons{500℃} \gamma(60\%B) + \beta(90\%B)$

5. γ 为稳定化合物，其熔点为 650℃，熔点对应的成分中 B 组元含量为 50%（质量分数）。

6. 室温下 B 在 γ 中的质量分数为 45%～52%。

四、（13分）根据 Fe-C 平衡相图，回答下列问题。

1. 用热分析曲线表示成分为 Fe-0.1%C 和 Fe-1.0%C 合金的平衡冷却过程。

2. 分别写出上述两种合金在室温下的组织组成和相组成，并计算相组成的相对百分含量。

3. 结合两种合金在室温下的显微组织判断其硬度是否有差异，并简要分析原因。

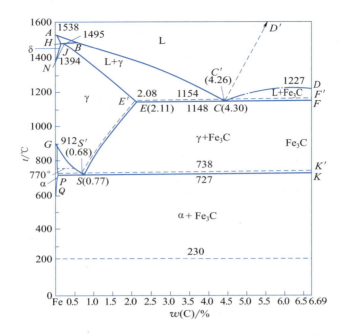

五、(14分) 根据以下所示的三元相图的综合投影图，假设三个顶角附近（即富A、富B和富C）的固溶体分别为 α、β 和 γ。

1. 写出发生四相平衡的范围，并写出四相平衡反应的反应式。

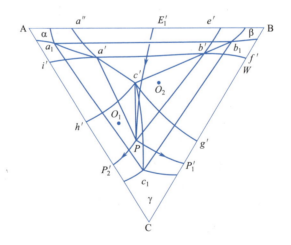

2. 写出三相平衡反应的反应式。
3. 分别写出 O_1 和 O_2 成分的合金在平衡冷却时的热分析曲线。

六、(9分) 下图为 Ti-Sn-V 三元相图的液相面投影图，请回答下列问题。

1. 图中有几个四相平衡反应？分别写出反应式。
2. 图中哪个四相平衡反应的转变温度最低？
3. 写出 10%Ti-50%Sn-40%V 合金在平衡冷却过程中的初生相。

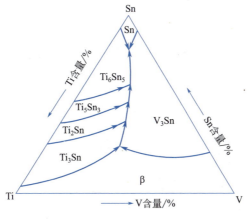

Ti-Sn-V 三元相图液相面投影图

七、（8分） 回答下列有关凝固的问题。

1. 正常凝固是否指平衡凝固？如否，请写出二者的相同和不同之处。

2. 假设平衡分配系数 $k_0<1$，简述产生成分过冷的原因，并判断合金在平衡凝固过程中是否会发生成分过冷。

八、（7分） 根据 Al-Cu 系列合金在 130℃和 190℃的时效曲线（时效过程中合金的硬度随时效时间变化的曲线），回答下列问题。

1. 说明 Cu 含量对 Al-Cu 系列合金时效性能的影响，并简要分析其原因。

2. 比较合金在 130℃和 190℃的时效特征的主要不同之处。

3. 对合金在 130℃时效时的硬度变化进行简要的解释。

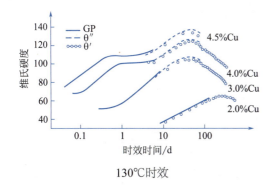

130℃时效

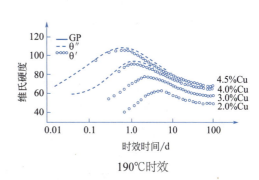

190℃时效

试题 六

一、选择题（单选，每题 2 分，共 30 分）

1. 关于固体原子的扩散，下列说法正确的是（　　）。
   A. 自扩散系数是由浓度梯度引起的
   B. 克肯达尔效应是发生在间隙扩散过程中的现象
   C. 反应扩散是指扩散过程中有新相生成的扩散
   D. 钢的表面渗氮是一种置换扩散

2. 下列过程中一定不会发生反应扩散的是（　　）。
   A. 钢的氧化
   B. 纯铁渗氮过程
   C. 镍扩散到铜中形成单相固溶体
   D. 纯铁渗碳过程

3. 下列元素中在 γ-Fe 中的扩散激活能最小的是（　　）。
   A. C   B. Cr
   C. Ni   D. Mn

4. 若 A、B、C 三个组元形成的三元相图为三元包共晶相图，则 A-B、B-C 和 A-C 三个二元相图（　　）。
   A. 至少有一个为包晶相图
   B. 至少有一个为共晶相图
   C. 至少有一个为匀晶相图
   D. 上述说法都不对

5. 关于二元相图，下列说法正确的是（　　）。
   A. 有匀晶反应的相图即为匀晶相图
   B. 相图中一定有脱溶转变
   C. 相图中可能存在三相平衡区
   D. 共晶成分的合金冷却时一定得到共晶的组织

6. 某二元合金系在三相平衡转变后没有液相剩余，则该三相平衡反应（　　）。
   A. 一定是共晶转变
   B. 可能是包晶转变
   C. 一定是共析转变
   D. 一定是包析转变

7. 根据相律（假设 $\Delta P = 0$），下列说法错误的是（　　）。
   A. 二元相图中可能存在四相平衡
   B. 三元相图中可能存在四相平衡

C. 二元相图中可能存在四种相

D. 三元相图中可能存在四种相

8. 实际使用的三元相图通常都是平面化了的截面图或投影图，下列说法正确的是（   ）。

A. 可以根据垂直截面确定两平衡相的成分，并用杠杆定理计算相对含量

B. 水平截面可以反映三元合金的整个凝固过程

C. 等温线投影图可以反映三元合金的整个凝固过程

D. 综合投影图可以反映三元合金的整个凝固过程

9. 综合投影图是三元相图投影图中应用最多的一种，关于综合投影图，下列说法错误的是（   ）。

A. 利用综合投影图可以确定各合金的初生相

B. 利用综合投影图可以确定发生相变的温度

C. 利用综合投影图可以确定室温下的相组成

D. 利用综合投影图可以确定室温下的组织组成

10. 凝固时晶体生长形态与界面前沿液相中的温度分布和界面的微观结构有关，下列说法中错误的是（   ）。

A. 正温度梯度下，具有微观光滑界面的晶体一般以平面状生长方式生长

B. 正温度梯度下，具有微观粗糙界面的晶体一般以平面状生长方式生长

C. 负温度梯度下，具有微观光滑界面的晶体一般以平面状生长方式生长

D. 负温度梯度下，具有微观粗糙界面的晶体一般以平面状生长方式生长

11. 纯金属均匀形核的必要条件不包括（   ）。

A. 过冷度 B. 相起伏

C. 能量起伏 D. 成分起伏

12. 下列（   ）不属于微观偏析。

A. 枝晶偏析 B. 密度偏析

C. 胞状偏析 D. 晶界偏析

13. 固溶体析出过程中通常先形成过渡相而不直接形成平衡相，其原因为（   ）。

A. 直接形成平衡相需要的形核功比形成过渡相大

B. 平衡相的尺寸较大，因此难以形核

C. 平衡相的晶体结构比较复杂，因此难以形核

D. 平衡相与固溶体成分相差较大，因此难以形核

14. 在脱溶沉淀相变过程中，形核功及临界半径与 G_v（体积自由能）、σ（界面能）及 ω（弹性应变能）有关，下列说法错误的是（   ）。

A. G_v（绝对值）越小，则临界半径和形核功越小

B. G_v（绝对值）越大，则临界半径和形核功越小

C. σ 越小，则临界半径和形核功越小

D. ω 越小，则临界半径和形核功越小

15. 关于马氏体相变，下列说法错误的是（   ）。

A. 马氏体相变是通过均匀切变进行的
B. 马氏体相变属于扩散型相变
C. 马氏体与母相是共格的，存在确定的位相关系
D. 马氏体相变具有可逆性

二、（13分）钢的渗碳处理是常用的化学热处理工艺之一，可以显著提高钢的表面强度、硬度和耐磨性。请回答下列问题。

1. C 在 Fe 中扩散的微观机制是什么？

2. 奥氏体是 FCC 结构，致密度较高，C 在奥氏体中的扩散速度似乎较慢，但渗碳的温度仍选择在奥氏体化的范围，其原因何在？

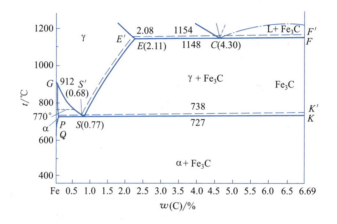

3. 若维持表面 C 浓度为 4%（质量分数）在 850℃对一块纯铁试样进行长时间的渗碳处理，试画出试样中的相分布及 C 浓度分布示意图。

4. 将上述渗碳后的试样缓慢冷却到室温，其表层组织是什么？若将渗碳后的试样直接浸入水中冷却，其表层组织又是什么？

三、（10分）某二元系由 A、B 两组元组成，根据下列数据绘制概略的 A-B 二元相图。

1. 组元 A 的熔点为 500℃，组元 B 的熔点为 700℃。

2. α 是 B 在 A 中的固溶体，β 是 A 在 B 中的固溶体。

3. 室温下 B 在 α 中的溶解度为 3%（质量分数），A 在 β 中的溶解度为 2%（质量分数）。

4. A 和 B 具有下列恒温反应（式中均为质量分数）：

① $L(25\%B) \xrightleftharpoons{300℃} \alpha(10\%B) + \gamma(40\%B)$

② $L(50\%B) + \beta(90\%B) \xrightleftharpoons{500℃} \gamma(70\%B)$。

5. 室温下 B 在 γ 中的含量在 50%～55%（质量分数）。

四、（14分）根据 Fe-C 相图，回答下列问题。

1. 分别写出亚共析钢和过共晶白口铸铁的成分范围。

2. 用热分析曲线表示成分为 Fe-0.5%（质量分数）C 和 Fe-2.5%（质量分数）C 合金的平衡冷却过程，并分别写出上述两种合金在室温下的相组成和组织组成。

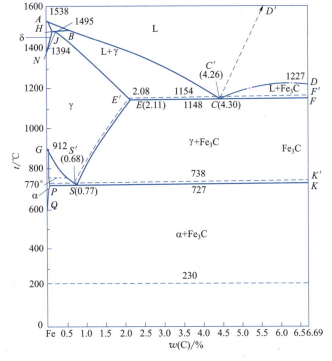

3. 分别画出 Fe-0.5%（质量分数）C 合金在 730℃和 720℃的组织示意图。

4. 金相观察发现，某 Fe-C 合金平衡冷却后的组织中含有 50% 的铁素体和 50% 的珠光体（忽略三次渗碳体），试判断该合金的成分。

五、（6分） 下图是 Mo 含量为 20%（质量分数）的 Fe-C-Mo 相图的垂直截面，回答下列问题。

1. 含 1.6%C 的合金在平衡冷却过程中经过了哪些相区？请按从高温到低温的顺序写出这些相区的组成相。

2. 判断上述合金在哪些四相区发生的反应可以根据此截面图写出反应式，并写出相应的反应式。

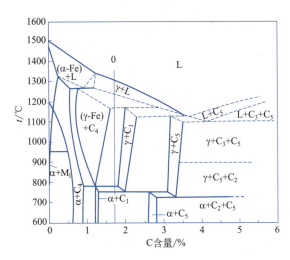

六、（10分）根据下图所示的三元相图的综合投影图，回答下列问题。

1. 说明四相区的范围并写出四相平衡反应的反应式。

2. 分别写出 M 点和 N 点成分合金平衡冷却过程的热分析曲线。

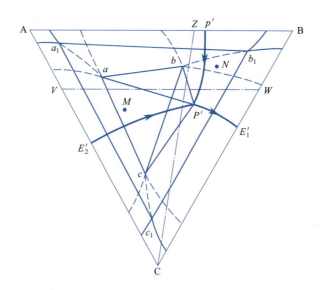

七、（8分）回答下列有关凝固的问题。

1. 纯金属凝固过程是否会发生成分过冷？为什么？

2. 假设平衡分配系数 $k_0<1$，画示意图并简述产生成分过冷的原因，说明发生成分过冷的临界条件。

八、（9分）回答下列有关固态相变的问题。

1. 若将一个 Fe-0.2%（质量分数）C 合金试样加热到 950℃保温 1h 后，快速投入水中（淬火），试样的强度和硬度是否会得到大幅度提高？为什么？

2. 如果对一个 Al-4%Cu 试样也采取类似的工艺是否能获得显著的强化效果？为什么？

3. 要提高上述 Al-4%Cu 试样的强度应该采取什么样的工艺措施？简要说明相应的原理。

试题 七

一、简答题

1. 举例说明点缺陷转化为线缺陷；线缺陷生成点缺陷。
2. 为什么点缺陷在热力学上是稳定的，而位错则是不平衡的晶体缺陷？
3. 上坡扩散的驱动力是什么？列举两个上坡扩散的例子。
4. 根据位错一般理论，论述实际晶体中位错及其运动的特殊性。
5. 简述陶瓷材料力学性能特征。
6. 简述晶体结构类型对其塑性变形能力和扩散特性的影响。
7. 简述细晶强化的原理以及应用范围。
8. 为什么说两个位错线相互平行的纯螺型和纯刃型位错，它们之间没有相互作用？

二、释图与作图题

1. 下图是金属和陶瓷材料的工程应力－应变曲线，试分析其性能差异。

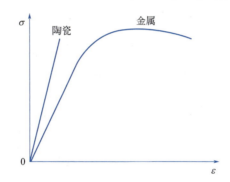

2. 由下图分析回复的特点。

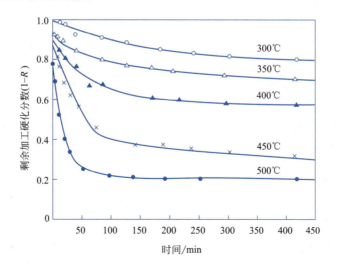

3. 画出高、低应变速率下动态再结晶的应力 – 应变曲线。

4. 已知某铜单晶试样的两个外表面分别是（001）和（111）。当该晶体在室温下发生拉伸变形，画出上述两个外表面上的滑移线。

5. 纯铁在950℃渗碳，表面碳浓度达到0.9%，缓慢冷却后，重新加热到800℃，继续渗碳，示意画出：

（1）在800℃长时间渗碳后（碳气氛为1.5%C）的组织分布；

（2）在800℃长时间渗碳后缓慢冷却至室温的组织分布。

三、 某合金经一定时间时效后，其真应力 – 真应变曲线如下图所示。图中可见锯齿形流变现象，Cottrell 提出的动态应变时效理论认为这是可动位错、林位错以及溶质原子之间的动态交互作用所致。研究认为，由于林位错等障碍的阻拦，可动位错的运动并不连续，而溶质原子通过扩散方式向暂时被阻拦的可动位错偏聚，形成溶质原子气团，并对位错施加额外的"钉扎"。由于外力的作用，可动位错会以热激活的方式重新大规模开动。而这种微观上可动位错被"钉扎""脱钉"行为的反复发生，就造成了宏观上表现出锯齿形流变现象。试分析：

1. 该现象在面心立方金属还是在密排六方金属中更易发生？

2. 该现象发生后会对材料的哪些性能产生影响？

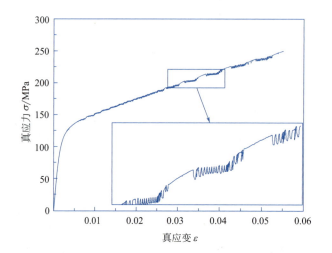

四、 由于钼丝的强度和韧性都比较好，不易断丝，价格低廉，被广泛用于快走丝电火花线切割领域，常见的快走丝电火花线切割用钼丝直径为 $\phi 0.20 \sim 0.25$mm。现有 $\phi 5$mm 的纯钼圆棒需最终加工成 $\phi 0.25$mm 钼丝，为保证质量，此钼材的冷加工量不能超过60%（断面收缩率），已知钼的熔点为2625℃，如何制订其合理的加工工艺和热处理工艺（包括温度）？

五、 某铝单晶体在外加拉伸应力作用下，首先开动的滑移系为 $(11\bar{1})[011]$。

1. 如果滑移是由纯刃型单位位错引起的，试指出位错线的方向、滑移时位错线运动的方向以及晶体运动方向。

2. 假定拉伸轴方向为 [001]，$\sigma = 10^6$Pa，求在上述滑移面上该刃型位错所受力的大小和方向（已知 Al 的点阵常数 a =0.4049nm）。

3. 随着滑移的进行，拉伸试样中($1\bar{1}1$)面会发生什么现象？它对随后进一步的变形有何影响？

六、一块含 0.1% 碳的碳钢在 930℃渗碳，渗到 0.05cm 的地方碳的浓度达到 0.45%。在 $t>0$ 的全部时间，渗碳气氛保持表面成分为 1%，假设 $D=2.0\times 10^{-5}\exp[-140000/(RT)]$（m²/s）。

1. 计算渗碳时间。
2. 若将渗层加深一倍，则需多长时间？
3. 若规定 0.3% 碳作为渗碳层厚度的量度，则在 930℃渗碳 10h 的渗层厚度为在 870℃渗碳 10h 的多少倍?

七、一铝锂合金在 520℃固溶处理 30min 后迅速冷却到室温，获得单一的过饱和固溶体。然后在 155℃时效处理 15h，产生时效强化。试从晶体缺陷和扩散理论分析其析出相在晶内或在晶界析出，以及时效温度的高低对析出相的影响。

试题 八

一、根据位错一般理论，论述实际晶体中位错柏氏矢量的特征、位错运动的特殊性以及位错运动导致的原子错排情况。

二、为什么陶瓷材料的压缩强度比拉伸强度大得多？影响陶瓷材料强度的因素有哪些？

三、有两个被钉扎住的刃型位错 AB 和 CD，它们的长度 x 相等，且具有相同的 b，而 b 的大小和方向相同（如下图）。每个位错都可看作 F-R 位错源。试分析在其增殖过程中两者的交互作用。若能形成一个大的位错源，使其开动的 τ_c 多大？若两位错 b 方向相反，情况又如何？

四、如下图所示，设有两个 α 相晶粒与一个 β 相晶粒相交于一公共晶棱，并形成三叉晶界，已知 β 相所张的两面角为 $100°$，界面能 $\gamma_{\alpha\alpha}$ 为 $0.31\mathrm{J/m^2}$。

1. 试求 α 相与 β 相的界面能 $\gamma_{\alpha\beta}$。

2. 如果此三晶粒均为同一相，请证明在平衡状态下，此三叉晶界的三个夹角均趋于 $120°$。

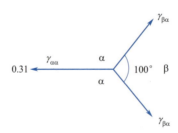

五、1. 试在面心立方晶胞图上作出下列矢量关系图。

$$\frac{a}{2}[10\bar{1}] + \frac{a}{6}[\bar{1}2\bar{1}] \longrightarrow \frac{a}{3}[11\bar{1}]$$

2. 已知某铜单晶试样的两个光滑外表面分别是（001）和（111）。当该晶体在室温下发生拉伸变形，画出上述两个外表面上的滑移线，并指出滑移线之间的夹角。

六、已知在 900℃时对一批（500 个）20 钢齿轮成功渗碳需要 10h，若达到相同处理效果，在 1000℃渗碳需要多少时间？如果渗碳炉在 900℃时运行 1h 需要耗费 1000 元，在 1000℃时运行 1h 需要耗费 1500 元，试问：在 1000℃完成同样效果的渗碳处理，其经济效益是否会更高？提高了渗碳温度，还有其他一些什么因素需要考虑（已知 $Q=32900\times 4.18J/mol$）？

七、 有一BCC晶体的（$1\bar{1}0$）[111] 滑移系的临界分切力为60MPa，试问在[001] 和[010] 方向必须施加多少的应力才会产生滑移？随着滑移的进行，拉伸试样中该滑移面会发生什么现象？它对随后的进一步变形有何影响？

八、 面心立方晶体中（$1\bar{1}1$）面上有 $\dfrac{a}{2}$[110] 的螺位错，若分解为Shockley分位错：
1. 试写出位错反应式；
2. 已知点阵常数 $a=0.3nm$，切变模量 $G=48000MN/m^2$，层错能 $\gamma=0.04J/m^2$，求扩展位错的宽度；
3. 层错能高低对金属材料冷、热加工行为的影响如何？

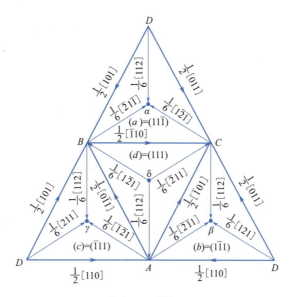

汤普森四面体的展开

九、 试分析冷塑性变形对合金组织结构、力学性能、物理化学性能、体系能量的影响。

十、 铜合金槽楔是汽轮发电机中的重要部件，要求具有较高的电导率，在室温及高温条件下具有较高的强度和较好的韧性。常用的槽楔合金材料为铍钛锆铜合金，但铍在生产过程中对人体有毒害作用，为此有人研发了新型槽楔替代材料钛青铜，其合金成分 Ti 为 0.15%～0.6%（质量分数），Ni 为 1.5%～2.5%（质量分数），微量 Cr、Zr，其余为铜。其生产工艺为：熔炼、铸造→热锻→固溶（约950℃）→冷加工变形→时效（500～550℃，$t=3\sim 4h$）→机加工成产品。
1. 钛青铜合金元素总含量控制在≤2%～4%（质量分数）是出于何种考虑？
2. 指出上述生产工艺环节中冷加工变形的作用。

试题 九

一、若面心立方晶体中有 $b=\dfrac{a}{2}[\bar{1}01]$ 的全位错和 $b=\dfrac{a}{6}[12\bar{1}]$ 的不全位错，此两位错相遇发生位错反应，试问：

1. 此反应能否进行？为什么？
2. 写出合成位错的柏氏矢量，并说明合成位错的性质。
3. 若合成的新位错其位错线 $\zeta=[110]$，求该位错的运动面。

二、为什么陶瓷材料通常在室温下塑性低、脆性大？而到高温时又呈现出一定的塑性变形能力，甚至出现超塑性？

三、在简单立方中，假定有一个 b 在 $[0\bar{1}0]$ 方向的刃型位错沿着 (100) 晶面滑动。

1. 若有另一个柏氏矢量在 [010] 方向，沿着 (001) 晶面上运动的刃型位错，通过上述位错时该位错将发生扭折还是割阶？画出位错线交割前后的情况。
2. 若有一个柏氏矢量为 [100]，沿着 (001) 晶面上滑动的螺型位错通过上述位错，试问上述位错 b 将发生扭折还是割阶？画出位错线交割前后的情况。

四、已知纯铁经某变形量冷轧后，在 527℃加热产生 50% 的再结晶所需的时间为 $6×10^5$s，而在 727℃加热产生 50% 再结晶所需的时间仅为 6s，已知产生一定再结晶转变率所需时间和退火温度之间符合 $\ln t=A+B/T$ 关系。其中，A 和 B 为常数；T 为热力学温度。确定在 10^4s 时间内产生 50% 再结晶的最低温度为多少摄氏度？试分析再结晶温度的影响因素。

五、1. 试利用 Fe-O 相图分析纯铁在 1000℃氧化时氧化层内的不同组织与氧的浓度分布规律，画出示意图。

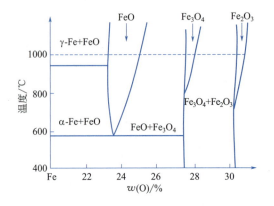

2. 画出弗兰克-瑞德位错增殖过程。

六、通常可利用不同的掺杂物制备 p 型或 n 型半导体晶体管。已知 1100℃时磷在硅中的扩散系数 $D=6.5\times10^{-13}\text{cm}^2/\text{s}$。假设表面源提供的磷原子浓度为 $10^{20}/\text{cm}^3$，扩散时间为 1h。初始时硅圆片中没有磷原子。计算多深距离处磷原子的浓度为 $10^{18}/\text{cm}^3$，并说明计算过程中前提假设是什么？已知：erf（1.75）=0.987，erf（1.8）=0.989，erf（1.82）=0.99。

七、某铝单晶体在外加拉伸应力作用下，首先开动的滑移系为（11$\bar{1}$）[011]。

1. 如果滑移是由纯刃型单位位错引起的，试指出位错线的方向、滑移时位错线运动的方向以及晶体运动方向。

2. 假定拉伸轴方向为 [001]，$\sigma=10^6\text{Pa}$，求在上述滑移面上该刃型位错所受力的大小和方向（已知 Al 的点阵常数 $a=0.4049\text{nm}$）。

3. 随着滑移的进行，拉伸试样中（11$\bar{1}$）面会发生什么现象？它对随后的进一步变形有何影响？

八、在同一滑移面上有两根相互平行的位错线，其柏氏矢量 b_1、b_2 大小相等，且相交成 ϕ 角，假设两柏氏矢量相对位错线呈成对配置，如下图所示，试从能量角度考虑，ϕ 分别在什么值时两根位错线相吸或相斥？

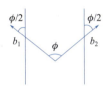

九、工业生产中，为防止深冲用的低碳薄钢板在冲压成型后所制得的工件表面粗糙不平，通常采用何种工艺？说明理由。

十、镁合金作为工业上最轻的金属结构材料，具有密度小，比强度、比刚度高，优良的加工和铸造性能等优点，近年来在航空航天及汽车产品上的应用得到长足发展。在镁合金中加入 Al 能够提高合金的室温强度及液态的流动性，改善镁合金的压铸性能，因而现有的压铸镁合金均以 Mg-Al 合金为主（如 AZ91）。研究表明，Mg-Al 系合金高温蠕变性能差的主要原因是分布在晶界的 $\beta\text{-Mg}_{17}\text{Al}_{12}$ 相熔点较低（473℃），随着温度升高，原子扩散加速，β 相容易被软化和粗化，此外，在高温下 β 相会以非连续沉淀的形式在晶界上析出。有研究者在上述 Mg-6Al 合金中添加 1%～2% Sr 和 0.5%～1% Ca 后，室温下完全抑制了 $\beta\text{-Mg}_{17}\text{Al}_{12}$ 相的生成，取而代之的是 Al_4Sr、Mg_2Ca 以及 Mg-Al-Sr 三元中间相，Al_4Sr 相熔点和共晶温度分别为 1040℃和 654℃，Mg_2Ca 以及 Mg-Al-Sr 三元中间相比 Al_4Sr 有更高的热稳定性。试说明该镁合金在相同的实验条件下（175℃/70MPa）比 AZ91 合金的抗蠕变性能高 1～2 个数量级的原因。

试题 十

一、单选题

1. 在立方晶系中与（101）、（111）属同一晶带的晶面是（　　）。
   A.（1̄10）　　B.（011）　　C.（110）　　D.（010）

2. 密排六方和面心立方均属密排结构，它们的不同点是（　　）。
   A. 原子密排面的堆垛方式不同　　B. 原子配位数不同
   C. 晶胞选取原则不同　　D. 密排面上的原子排列方式不同

3. 在立方晶系（001）标准投影图上，A、B、C 三晶面同在东经 30° 的经线大圆弧上，则（　　）。
   A. 三晶面同属某一晶面族
   B. 三晶面和（001）晶面的夹角相等
   C. 三晶面同属某一晶带
   D. 三晶面以坐标原点为对称中心，具有旋转对称性

4. 下列点阵不属于布拉菲点阵的是（　　）。
   A. 面心立方　　B. 体心立方
   C. 密排六方　　D. 简单立方

5. 组成固溶体的两组元完全互溶的必要条件是（　　）。
   A. 两组元的电子浓度相同　　B. 两组元的晶体结构相同
   C. 两组元的原子半径相同　　D. 两组元的电负性相同

6. 六方晶系中和（1̄212）晶面等同的晶面（同族晶面）是（　　）。
   A.（1̄212）　　B.（121̄2̄）　　C.（121̄1̄）　　D.（2̄1̄12）

7. 只有刃型位错能进行攀移运动，这是因为（　　）。
   A. 刃型位错的柏氏矢量垂直于位错线
   B. 刃型位错存在多余半原子面
   C. 刃型位错可以是曲线形状
   D. 刃型位错的滑移面不唯一

8. 位错在切应力作用下可沿滑移面运动，位错线的运动方向为（　　）。
   A. 和柏式矢量的方向相同
   B. 和位错线的方向相同
   C. 与位错线垂直
   D. 刃型位错线的运动方向与位错线垂直，螺型位错线的运动方向与位错线平行

9. 下列对称操作不属于宏观对称的是（　　）。
   A. 镜面对称　　B. 旋转反演
   C. 滑移面　　D. 中心对称

10. 立方晶系中 {110} 晶面族包含（　　）个等同晶面。
   A. 2　　　　　　　　　　B. 4
   C. 6　　　　　　　　　　D. 8

11. 亚晶界一般是由位错构成的，通常（　　）。
   A. 亚晶界位向差越大，亚晶界上的位错密度越高
   B. 亚晶界位向差越大，亚晶界上的位错密度越低
   C. 亚晶界上的位错密度高低与亚晶界位向差关系不大
   D. 以上都不对

12. 面心立方晶体中的肖克莱不全位错（$a\langle 211\rangle/6$）（　　）。
   A. 只能是纯刃型位错　　　　B. 只能是直线或二维曲线
   C. 只能攀移　　　　　　　　D. 可通过部分抽掉一层密排面形成

13. 单晶体的临界分切应力值（　　）。
   A. 与外力相对滑移系的取向有关
   B. 与材料的屈服应力有关
   C. 与晶体的类型和纯度有关
   D. 与拉伸时的应变大小有关

14. 黄铜在经过塑性变形后易发生应力腐蚀，需在保持一定的硬度条件下消除宏观残余应力，可采用（　　）。
   A. 退火回复　　　　　　　　B. 退火再结晶
   C. 应变时效　　　　　　　　D. 加大变形量

15. 塑性变形使材料（　　）。
   A. 强度增加，点、线缺陷增加，电阻率降低，塑性降低
   B. 强度降低，点、线缺陷降低，电阻率增加，塑性增加
   C. 强度增加，点、线缺陷增加，电阻率增加，塑性降低
   D. 强度增加，点、线缺陷增加，电阻率降低，塑性增加

16. 晶体的孪生变形与滑移变形不同，在于（　　）。
   A. 滑移变形是位错滑移造成的，而孪生则不是
   B. 孪生变形是均匀切变过程，而滑移则不是
   C. 滑移变形导致晶体体积变化，而孪生则不会
   D. 滑移变形沿着特定的晶体学面与方向进行，而孪生则可沿任意晶体学面和方向进行

17. 一位错被交割后产生不动割阶，下列说法不正确的是（　　）。
   A. 该割阶与原位错滑移面不在同一平面上
   B. 该割阶长度较小时可进行攀移
   C. 该割阶台阶为刃型位错
   D. 原位错可能为刃型位错

18. 下列可能同时提高金属材料的室温强度和塑性的方法是（　　）。
   A. 进行冷加工处理　　　　　B. 加入与其晶粒尺寸相当的第二相
   C. 加入细小弥散分布的第二相　D. 降低晶粒的尺寸

19. 关于晶体中间隙原子的说法，正确的是（　　）。
   A. 晶体中间隙尺寸明显小于原子尺寸，所以平衡时晶体中不应该存在间隙原子
   B. 间隙原子总是与空位成对出现
   C. 间隙原子形成能较空位形成能大得多
   D. 只有杂质原子才可能成为间隙原子

20. 在理想的热力学平衡态，（　　）缺陷是不应存在的。
   A. 空位、晶界 　　　　　　　B. 位错、晶界
   C. 空位、位错 　　　　　　　D. 空位、位错、晶界

二、作图题

写出下图所示密排六方结构中晶面 A、B，晶向 C、D 的三轴和四轴指数。在立方单胞中画出 $(23\bar{1})$、$(1\bar{1}3)$ 晶面和 $[\bar{1}21]$、$[\bar{2}21]$ 晶向，注意标出基矢（每个指数单独画或晶面和晶向指数分开在两个晶胞中画）。

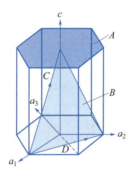

三、请依据下图所示晶体几个晶面的原子排列图绘出其晶体结构图，指出其所属布拉菲点阵类型，并计算其致密度。

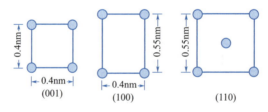

四、若面心立方晶体中开动的滑移系为 $(11\bar{1})[101]$：

1. 写出导致滑移的位错柏氏矢量。

2. 若滑移是由螺位错引起的，给出位错线的方向；当该位错滑移受阻时，能否通过交滑移转移到 $(1\bar{1}1)$、(111)、$(11\bar{1})$ 面中的某个面上继续滑移，为什么？

3. 若滑移是由刃位错运动引起的，给出位错线的方向；如该位错分解为两个肖克莱不全位错，写出该反应的反应式。

五、如下图所示，典型单晶拉伸塑性变形过程的应力-应变曲线呈现出三个不同阶段，试简述这三个阶段的各自特征并解释其产生机制。当处于这三个不同阶段时，单晶金相试样表面上分别可能产生什么样形貌的滑移线？试分析不同层错能的大小对

该应力-应变曲线的形状会产生什么影响？

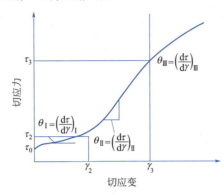

六、铝是工业上常用的一种轻质金属材料，但是纯铝的强度较低，经常难以满足应用要求，根据你所学的知识，提出三种强化铝合金的方法，并说明其强化机理。

七、一种纯Al材在经过较大塑性变形后，在200℃进行长时间退火，组织发生回复—再结晶—晶粒长大的过程，试描述在形变和退火期间，该铝材的强度和塑性的变化规律和机理。组织观察发现，在再结晶晶核长大及完全再结晶后晶粒粗化的过程中都会出现大角晶界的迁移，试分析这两个过程中晶界迁移的驱动力和运动方向是否相同？请具体说明并解释原因。

八、试分析在面心立方金属（点阵常数为a）中，下列位错反应能否进行，并指出这些位错各属什么类型？反应后生成的新位错能否在滑移面上运动？

$$\frac{a}{2}[101]+\frac{a}{6}[\bar{1}2\bar{1}]\longrightarrow\frac{a}{3}[111]$$

试题十一

一、单选题

1. 密排六方和面心立方均属密排结构，它们的不同点是（　　）。
   A. 密排面上的原子排列方式不同　　　　B. 原子配位数不同
   C. 晶胞选取原则不同　　　　　　　　　D. 原子密排面的堆垛方式不同

2. 立方晶体 {111} 晶面族包括（　　）组等同晶面。
   A. 2　　　　　B. 4　　　　　C. 6　　　　　D. 8

3. 关于晶体中间隙原子的说法，正确的是（　　）。
   A. 晶体中间隙尺寸明显小于原子尺寸，所以平衡时晶体中不应该存在间隙原子
   B. 间隙原子总是与空位成对出现
   C. 间隙原子形成能较空位形成能大得多
   D. 只有杂质原子才可能成为间隙原子

4. 组成固溶体的两组元完全互溶的必要条件是（　　）。
   A. 两组元的电子浓度相同　　　　　　B. 两组元的晶体结构相同
   C. 两组元的原子半径相同　　　　　　D. 两组元的电负性相同

5. 立方晶系中，与（110）、（211）同属一个晶带的晶面是（　　）。
   A.（102）　　　B.（010）　　　C.（101）　　　D.（121）

6. 间隙相和间隙固溶体的区别之一是（　　）。
   A. 间隙相结构更简
   B. 间隙相的间隙原子更大
   C. 间隙固溶体中间隙原子含量比间隙相的大
   D. 间隙相的结构和其组元的结构不同

7. 在立方晶系（001）标准投影图上，A、B、C 三晶面同在东经 30° 的经线大圆弧上，则（　　）。
   A. 三晶面同属某一晶面族
   B. 三晶面和（001）晶面的夹角相等
   C. 三晶面同属某一晶带
   D. 三晶面以坐标原点为对称中心，具有旋转对称性

8. 某 FCC 单晶体塑变时出现两组交叉平行的滑移线，则塑变处于（　　）。
   A. 易滑移阶段　　　　　　　　　　B. 线性硬化阶段
   C. 动态回复阶段　　　　　　　　　D. 抛物线硬化阶段

9. 冷塑性变形后的金属在再结晶完成后继续保温时会发生晶粒长大现象，这是因为（　　）。
   A. 界面能降低的要求　　　　　　　B. 储存能降低的要求

C. 位错密度降低的要求　　　　　　D. 界面角度增加的要求

10. 下列各图为金相显微镜所观察的形貌，其中对应形变孪晶的是（　　）。

　　A.　　　　　　　B.　　　　　　　C.　　　　　　　D.

11. 晶体材料塑性变形时某滑移系的临界分切应力（　　）。

A. 取决于材料的屈服强度　　　　　B. 取决于该滑移系的取向因子

C. 与外加应力方向无关　　　　　　D. 随塑性变形的进行而不断变化

12. 层错和不完全位错之间的关系是（　　）。

A. 层错和不完全位错交替出现　　　B. 层错和不完全位错能量相同

C. 层错能越高，不完全位错柏氏矢量的模越小

D. 不完全位错总是出现在层错和完整晶体的交界处

13. 单晶体在塑性变形过程中发生晶面转动是因为随着滑移进行（　　）。

A. 滑移方向发生变化　　　　　　　B. 滑移面发生变化

C. 由于力的分解而产生了力偶　　　D. 发生了交滑移

14. 下列关于宏观对称元素的说法错误的是（　　）。

A. 宏观对称操作时至少有一点是不动的

B. 通过对宏观对称元素的组合可推导出晶体的 32 种点群

C. 三次旋转-反演轴是 8 种最基本的宏观对称元素之一

D. 宏观对称元素不包括螺旋轴

15. 只有刃型位错能进行攀移运动，这是因为（　　）。

A. 刃型位错的位错线和其移动方向垂直　　B. 刃型位错存在多余半原子面

C. 刃型位错可以是曲线形状　　　　　　　D. 刃型位错的滑移面不唯一

16. 亚晶界和位错有着密切的关系，通常（　　）。

A. 亚晶界位向差越大，亚晶界上的位错密度越高

B. 亚晶界位向差越大，亚晶界上的位错密度越低

C. 亚晶界由螺型位错构成

D. 亚晶界由刃型位错构成

17. 塑性变形后的金属在高温热处理过程中发生了回复、再结晶、晶粒正常长大及二次再结晶过程，它们的驱动力分别为（　　）。

A. 前两者来源于形变储存能，后两者来源于晶界能

B. 前两者来源于晶界能，后两者来源于形变储存能

C. 均来源于外部加热的能量

D. 前三者来源于形变储存能，最后者来源于晶界能

18. 面心立方晶体中的弗兰克不全位错（$a\langle 111\rangle/3$）（　　）。
   A. 只能是纯刃型位错　　　　　　　　B. 只能是直线
   C. 只能滑移，不能攀移　　　　　　　D. 通过全位错分解形成

19. 通常密排六方金属的塑性较面心立方低，这是由于（　　）。
   A. 密排六方金属通常熔点都较高　　　B. 密排六方金属的滑移系太少
   C. 密排六方结构过于致密　　　　　　D. 密排六方金属容易以孪生方式形变

20. 为降低界面能，多晶材料内部会发生晶界迁移以达到减小晶界面积的趋势，此时（　　）。
   A. 晶界迁移发生在弯曲晶界上，移动方向指向曲率中心
   B. 晶界迁移发生在弯曲晶界上，移动方向背离曲率中心
   C. 晶界迁移只发生在平直晶界
   D. 晶界迁移可发生在弯曲或平直晶界上，移动方向随机

二、作图题

1. 画出立方晶体的单位晶胞，并标出晶胞的原点和基矢（a，b，c），然后在晶胞中画出（$1\bar{2}1$）、（$\bar{1}31$）晶面和[$\bar{2}11$]、[$1\bar{2}2$]晶向（晶面和晶向分开画在不同的晶胞中）。

2. 画出六方晶体的单位晶胞，并标出晶胞的基矢。然后在晶胞中画出（$11\bar{2}0$）、（$\bar{1}012$）晶面和[$1\bar{1}20$]、[$\bar{1}2\bar{1}3$]晶向。

三、
按晶体的钢球模型，若球的直径不变，当 Fe 从 FCC 结构转变为 BCC 结构时，其体积膨胀率计算值为多少？实验中经 X 射线衍射方法测定，在 912℃时，α-Fe(BCC) 的 $a=0.2892$nm，γ-Fe(FCC) 的 $a=0.3633$nm，当 γ-Fe 转变为 α-Fe 时，其体积实际膨胀率为多少？试说明计算值与实验值间产生差别的原因。

四、
面心立方晶体中开动的滑移系为（$\bar{1}11$）[110]。

1. 写出导致滑移的全位错柏氏矢量。

2. 若该位错为螺型位错，给出位错线的方向；若该位错分解为两个肖克莱不全位错，写出可能的反应式，并给出反应成立的理由。

3. 若分解后的不全位错在继续滑移时受阻，可通过怎样的方式转移到其他滑移面上继续滑移？给出交滑移后的滑移面晶面指数。

4. 交滑移后，该位错可继续分解成肖克莱不全位错，写出此时该反应的反应式。

五、
在 Cu 中加入下表所示不同的第二相颗粒，经相同的冷塑性变形和高温退火发现：

1. 与不加颗粒的原料相比，加入 B_4C 颗粒后材料的再结晶温度有所降低，但加入 Al_2O_3 颗粒后再结晶温度反而提高，试说明产生这样现象的作用机理。

2. 与不加颗粒的原料相比，加入两种颗粒的材料再结晶完成后的晶粒尺寸均有所减小，试说明产生这样现象的作用机理。

合金	颗粒间距	颗粒直径	对再结晶温度的影响	对再结晶晶粒尺寸的影响
Cu+B_4C 颗粒	4～5μm	2～3μm	降低	减小
Cu+Al_2O_3 颗粒	0.5～1μm	20～40nm	提高	减小

六、简单立方晶体（001）滑移面上有1个 $b=[010]$ 的位错。

1. 若该位错为刃型位错，并与（010）滑移面上的1个 $b=[100]$ 的刃型位错相交截，试分析并解释相截后两位错分别是否产生扭折或割阶。若产生割阶，是可动割阶还是不动割阶？

2. 若该位错为螺型位错，并与（100）滑移面上的1个 $b=[001]$ 的螺型位错相交截，试分析并解释相截后两个位错分别是否产生扭折或割阶。若产生割阶，是可动割阶还是不动割阶？

七、在生产某种高强高导铜合金导线时，需要首先对原材料进行较大形变量的室温冷拉拔变形，试阐述：

1. 塑性变形过程中金相显微镜观察下的显微组织以及透射电镜观察下的位错亚结构的变化过程，并由此分析在此过程中材料的强度、塑性和电导率的变化。

2. 经冷拉拔后的铜丝还需经过一定的热处理才能使用，若长时间在高温下进行退火，试同样从金相组织和位错亚结构两方面说明在此过程中材料可能经历的组织变化，并分析强度、塑性和电导率的变化；在高温退火过程中，要想达到较高的强度和塑性相匹配的综合力学性能，退火应在组织变化的哪个阶段结束？

试题 十二

一、单选题

1. 刃型位错的滑移方向与位错线之间的几何关系是（   ）。
   A. 垂直　　　　　B. 平行　　　　　C. 交叉　　　　　D. 都有可能

2. 对六方晶系而言，与$[10\bar{1}2]$等同的晶向是（   ）。
   A. $[1\bar{1}12]$　　　B. $[20\bar{1}\bar{1}]$　　　C. $[\bar{1}021]$　　　D. $[\bar{1}10\bar{2}]$

3. 冷塑性变形金属材料经再结晶退火处理后（   ）。
   A. 强度上升　　　　　　　　B. 空位浓度上升
   C. 电阻率上升　　　　　　　D. 塑性上升

4. 塑性变形时的滑移面和滑移方向是（   ）。
   A. 晶体中原子密度最大的面和原子间距最短方向
   B. 晶体中原子密度最大的面和原子间距最长方向
   C. 晶体中原子密度最小的面和原子间距最短方向
   D. 晶体中原子密度最小的面和原子间距最长方向

5. 再结晶完成后晶粒长大的过程中，晶粒界面的不同曲率是造成晶界迁移的直接原因，晶界总是向着（   ）方向移动。
   A. 曲率中心　　　　　　　　B. 曲率中心相反
   C. 曲率中心垂直　　　　　　D. 任意方向

6. 下面面心立方晶体正确的滑移系是（   ）。
   A. (111) [110]　　　　　　B. (111) $[1\bar{1}0]$
   C. (111) $[1\bar{1}2]$　　　　　D. (111) $[11\bar{2}]$

7. 形变后的材料再升温时发生回复与再结晶现象，则点缺陷浓度开始明显下降发生在（   ）。
   A. 回复阶段　　　　　　　　B. 再结晶阶段
   C. 晶粒长大阶段　　　　　　D. 晶粒二次长大阶段

8. 对于变形程度较小的金属，其再结晶形核机制为（   ）。
   A. 晶界合并　　　　　　　　B. 晶界迁移
   C. 晶界弓出　　　　　　　　D. 晶界滑移

9. BCC 结构的 Fe 中只能溶入微量 C，而 FCC 结构的 Fe 中的 C 溶解度则大得多，这是因为（   ）。
   A. FCC 结构比较疏松　　　　B. FCC 间隙数量比较多
   C. FCC 晶胞中原子数比较多　D. FCC 间隙尺寸比较大

10. 一般情况下，以下界面中能量较高的是（   ）。
    A. 普通大角度晶界　　　　　B. 扭转晶界

C. 共格孪晶界　　　　　　　　D. 对称倾转晶界

11. 下列缺陷一般不作为晶体缺陷看待的是（　　）。
    A. 间隙原子　　　　　　　　B. 层错
    C. 孔洞　　　　　　　　　　D. 晶界

12. 密排六方和面心立方均属密排结构，它们的不同点是（　　）。
    A. 原子密排面的堆垛方式不同
    B. 原子配位数不同
    C. 晶胞选取原则不同
    D. 密排面上的原子排列方式不同

13. 滑移和孪生是金属塑性变形的两种主要方式，它们的区别是（　　）。
    A. 孪生可获得很大变形量，滑移较小
    B. 滑移不改变晶体结构，孪生改变
    C. 滑移是不均匀切变，孪生是均匀切变
    D. 滑移是位错运动结果，孪生不是

14. 面心立方晶体中的肖克莱不全位错（　　）。
    A. 只能是纯韧性位错　　　　B. 只能攀移
    C. 可以是二维曲线形状　　　D. 可通过部分抽掉一层密排面形成

15. Cottrell 气团理论对应变时效现象的解释是（　　）。
    A. 溶质原子与位错交互作用的结果
    B. 位错增殖的结果
    C. 位错密度降低的结果
    D. 溶质原子与层错交互作用的结果

二、作图题

1. 画出立方晶体的单位晶胞，并标出晶胞的原点和基矢（a, b, c），然后在晶胞中画出($1\bar{1}1$)、($1\bar{3}1$)晶面和[$\bar{3}11$]、[$1\bar{2}2$]晶向（晶面和晶向分开画在不同的晶胞中）。

2. 画出六方晶体的单位晶胞，并标出晶胞的基矢。然后在晶胞中画出($1\bar{1}00$)、($\bar{1}011$)晶面和[$11\bar{2}0$]、[$\bar{1}2\bar{1}1$]晶向。

三、晶体中是否存在五次对称性，为什么？如何证明？

四、某立方晶体结构单质中，在（0，0，0）,（0，1/2，1/2）,（1/2，1/2，0）,（1/2，0，1/2）以及（1/4，1/4，1/4），（3/4，3/4，1/4），（1/4，3/4，3/4），（3/4，1/4，3/4）处有原子。

1. 画出该晶胞示意图。
2. 该晶体结构属于哪种布拉菲点阵？结构基元是什么？单位晶胞中包含几个原子？
3. 该晶胞致密度为多少？

五、有一单晶铜棒，棒轴为[123]，今沿棒轴方向施加拉伸载荷使其变形，利用下图所给的标准投影图分析：

039

1. 变形时的初始滑移系是什么？
2. 开始滑移后，会发生怎样的转动规律？
3. 转动后会形成什么样的复滑移？

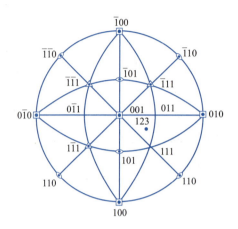

六、有一面心立方晶体，在（111）面滑移的柏氏矢量为 $\frac{a}{2}[10\bar{1}]$ 的右螺型位错，与在（1$\bar{1}$1）面上滑移的柏氏矢量为 $\frac{a}{2}[011]$ 的另一右螺型位错相遇于此，两滑移面交线并形成一个新的全位错。

1. 请回答新生成全位错的柏氏矢量和位错线方向。
2. 新生成的全位错属哪类位错？该位错能否滑移？为什么？

七、如下图所示，将一楔形铜板置于间距恒定的两轧辊间由右向左轧制，轧制后将变成厚度与较薄处一致的均匀厚度铜板。

1. 试分析轧制后沿片长方向铜片的金相组织和位错亚结构的特征，以及硬度和塑性的变化。
2. 变形后的铜片进行再结晶退火，分析并画出轧制后铜片经再结晶后晶粒大小沿片长方向变化的示意图。

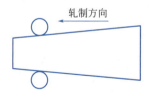

八、对多晶体材料，晶粒细化后材料的强度和塑性同时提高的原因是什么？

一、名词解释

1. 间隙化合物 2. 动态过冷度 3. 二次再结晶 4. 扩展位错 5. 成分过冷

二、填空题

1. 固溶体的特点是_____。
2. 面心立方晶体的原子半径为_____。弗兰克不全位错的柏氏矢量为_____，配位数为_____，典型金属有_____、_____、_____等。
3. 根据晶体缺陷的几何特征，可将晶体缺陷分为三类，其中扩展位错属于_____。
4. 三元系中三相区的等温截面都是一个共轭三角形，其顶角触及_____。三元相图的垂直截面图可以_____。
5. 铁碳合金的力学性能（平衡态）取决于_____、_____。
6. 小角度晶界可分为_____和_____两种基本类型，前者是由_____位错构成，后者是由_____位错构成。
7. 一般认为应变时效是一种_____现象。其原因是_____。
8. 固溶体结晶时，根据液相中溶质的混合情况不同，可以形成不同的宏观偏析，其中_____所产生的宏观偏析最大。
9. 扩散的驱动力是_____。上坡扩散指的是_____。
10. 在常温和低温下，金属的塑性变形主要是通过_____的方式进行的。此外，还有_____等方式。
11. 高温回复机制为_____。根据这个机制，金属中亚结构发生变化是刃型位错通过_____构成亚晶界。
12. 滑移时晶体的转动规律（拉伸情况）为_____；_____。
13. 位错反应必须同时满足的条件是_____和_____。
14. 粗糙界面又称为_____界面，它的长大机制为_____。
15. 根据液相单变量线上箭头的指向，可以判断四相平衡转变类型。当两条液相单变量线箭头指向交点，另一条液相单变量线箭头背离交点，则发生_____。

三、综合题

1. 根据 Fe-C 相图，计算含碳为 1.2% 的铁碳合金在室温时平衡状态下相的相对量以及共析体的相对量，并画出室温下的组织示意图。
2. 比较"位错绕过质点"与"位错切过质点"分散强化机制的异同点。

3. 为什么金属材料经过热加工后力学性能较铸造状态为佳？降低热轧低碳钢板中的硫含量为何能显著降低钢板沿纵向、横向和厚度方向拉伸时的断面收缩率的差别？

4. 下图为 Fe-Cr-Ni 三元系在 650℃的等温截面图。

（1）Fe-20%Cr-12%Ni 不锈钢加热到此温度的相组织是什么？

（2）如果 Ni 浓度增加到 20%，Cr 浓度降低到 15%，得到什么相组织？

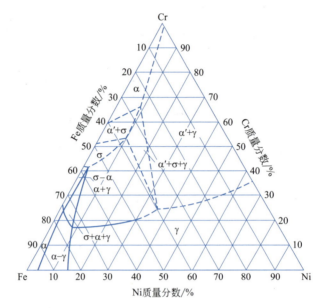

5. 扩散的微观机制有哪些？一般情况下哪种机制扩散速度快？为什么？一个经凝固而有微观非平衡偏析的合金，生产中常采用什么方法使合金均匀化？描述该过程应用哪种扩散第二定律的解？

6. 一个位错环能否各部分都是螺型位错，能否各部分都是刃型位错，为什么？

试题 十四

一、名词解释
1. 离异共晶 2. 单变量线 3. 自扩散 4. 全位错 5. 形变织构

二、填空题
1. 间隙相的结构特征为_____
_____。
2. 三元合金系中的直线法则为_____
_____。
3. 均匀形核必须同时满足的条件为_____；
_____；_____。
4. 根据相图可以推断合金的性能，相图上的成分间隔越大，_____越严重；结晶间隔越大，铸件凝固完了越易产生_____。
5. 液体金属形核时当形成半径为 r^* 的临界核心时，体系的自由能变化_____，形成临界晶核时体积自由能的减小只能补偿新增表面能的_____。
6. 发生成分过冷的条件是_____。随着成分过冷的增大，固溶体晶体的生长形态由_____向_____、_____的形态发展。
7. 扩散激活能的物理概念是_____。
8. 根据 $Fe-Fe_3C$ 相图，铁碳合金中一次渗碳体的形态呈_____。
9. 回复和再结晶的驱动力是_____。晶粒长大的驱动力是_____。
10. 扭折变形的作用是_____；_____。
11. 形变织构的性质与形变金属的_____、_____和_____有关。
12. 低温回复主要是由于塑性变形所产生的_____消失的结果。
13. 再结晶形核时，弓出形核机制多发生在_____。弓出形核所需的能量条件是_____。
14. 刃型位错的运动形式有_____和_____。
15. 微观光滑界面又称为_____，其生长机制为_____、_____。

三、综合题
1. 根据下图所示的 Pb-Sn-Bi 相图：
（1）写出三相平衡和四相平衡反应式。
（2）写出成分为 5%Pb、30%Sn 和 65%Bi 的合金凝固过程，画出并说明其在室温下的组织示意图。
2. 根据 $Fe-Fe_3C$ 相图，计算含 0.4%C 的亚共析钢在室温平衡组织中铁素体与渗碳体的相对量，以及先共析铁素体和珠光体的相对量，画出室温下的组织图。

3. 根据回复机制，解释回复导致性能变化的原因。

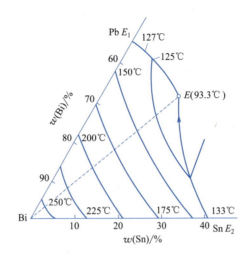

4. 阐述堆垛层错与不全位错的关系，指出 FCC 结构中常产生的不全位错的名称、柏氏矢量和它们各自的特点。

5. 简述再结晶与二次再结晶的驱动力。如何区分冷、热加工？动态再结晶与静态再结晶后的组织结构的主要区别是什么？

试题 十五

一、名词解释
1. 间隙化合物　2. 交滑移　3. 面角位错　4. 克肯达尔效应　5. 孪晶界

二、填空题
1. NaCl 晶体结构中，原子的配位数为 _____，其晶体结构可以描述为 _____。
2. 体心立方晶体的原子半径为 _____，配位数为 _____，八面体间隙个数为 _____，典型金属有 _____、_____、_____ 等。
3. FCC 晶体中弗兰克不全位错最通常的运动方式是沿 _____ 面 _____。
4. 空间点阵的主要特征是 _____。
5. 通常 _____、_____ 的结合能最大；_____ 的结合能次之；_____ 的结合能最低。
6. 扩展位错的宽度与 _____ 成反比。强化金属材料的各种手段，考虑的出发点都在于 _____。
7. 离子晶体的配位数指的是 _____。
8. 高分子的分子结构基本上有两种，热塑性材料具有 _____ 结构。
9. 纯铁在 912℃以下具有 _____ 结构；在 912～1394℃具有 _____ 结构。
10. 电子化合物的主要特点是 _____；当 e/a=21/13 时形成的化合物具有 _____ 结构。
11. 扩散第二定律的正弦解适用于 _____。
12. 两平行异号刃型位错发生交互作用时，在 _____ 情况下，两位错处于稳定平衡状态。螺型位错的应力场为 _____。
13. 位错滑移时，滑移面是由 _____ 和 _____ 组成的平面。刃型位错有 _____ 个滑移面；螺型位错有 _____ 个滑移面。
14. 空位迁移的实质是 _____。
15. 间隙相 VC 的晶体结构可以这样描述：V 原子位于 _____；C 原子位于 _____。

三、综合题
1. Fe-0.4%C 的铁碳合金在 100cm 长的水平圆模中顺序凝固，假定凝固过程中固相无扩散，液体成分完全混合，相图中各线可简化为直线，求凝固结束时 δ 相、γ 相和莱氏体组织的长度。
2. 在扩散偶中，发生置换扩散的扩散系数与发生间隙扩散的扩散系数有何不同？如果是间隙扩散,是否会发生克肯达尔效应?为什么?

3. 晶体滑移面上存在一个位错环,外力场在其柏氏矢量方向的切应力为 $\tau=10^{-4}G$,(G 为剪切弹性模量),柏氏矢量 $b=2.55\times10^{-10}$m,此位错环在晶体中能扩张的半径为多大?

4. 下图给出了黄铜在再结晶终了的晶粒尺寸和再结晶前的冷变形量的关系。我们知道,退火温度越高,退火后晶粒越大,而图中曲线却与退火温度无关,这一现象与上述说法是否矛盾?该如何解释?

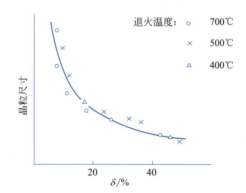

5. Fe-Cr-C 三元相图的变温截面如下图所示,写出图中合金 Fe-13%Cr-0.2%C 的平衡结晶过程,比较其室温组织与 Fe-0.2%C 合金室温组织的区别。

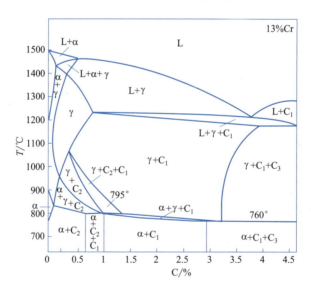

试题十六

一、已知位错环 ABCDA 的柏氏矢量为 b，外应力为 σ 和 τ，如图所示，问：
1. 位错环的各边是什么位错？
2. 如何局部滑移才能得到这个位错环？
3. 在足够大的切应力 τ 作用下，位错环如何运动？晶体将如何变形？
4. 在足够大的拉应力 σ 作用下，位错环如何运动？它将变成什么形状？晶体将如何变形？

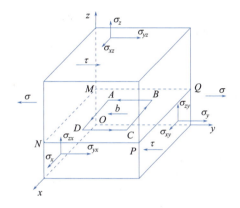

二、$[01\bar{1}]$ 和 $[11\bar{2}]$ 均位于 FCC 铝的（111）平面上，因此 $[01\bar{1}]$(111) 和 $[11\bar{2}]$(111) 的滑移是可能的，请：
1. 画出（111）平面并指出在上述滑移方向上的滑移矢量。
2. 比较具有此二滑移矢量的单位位错线的能量大小。
3. 若上述的 $[11\bar{2}]$ 位错是刃型位错，试求出半原子面的晶面指数及插入方向。

三、若一面心立方晶体在变形过程中开动了 $(\bar{1}11)$ [110] 滑移系：
1. 写出导致该滑移的全位错柏氏矢量；若该位错为螺位错，请确定该位错线的运动方向；如该位错分解为两个肖克莱不全位错，写出该位错反应式。
2. 若分解后的不全位错在继续滑移过程中受阻，可通过怎样的方式交滑移到其他滑移面上继续滑移？并给出交滑移后的滑移面晶面指数。
3. 已知该单晶体的 $\{111\}[110]$ 滑移系的临界分切应力 τ_c 为 100MPa，要使 $(\bar{1}11)$ 面上产生 [110] 方向的滑移，问在 [010] 方向上应施加多大的应力？

四、陶瓷发动机是使用陶瓷材料为主要部件的内燃机。氮化硅和碳化硅陶瓷具有优异的高温强度、耐蚀性和耐磨性，用它们来制造发动机已成为当今世界科技大国奋力追求的目标。根据你所学的材料科学基础知识，分析用先进陶瓷材料代替金属材料来制备发动机部件的主要挑战是什么？其原因是什么？提出几个改善的途径和方法。

五、Fe-N 相图如下图所示。

1. 如果一块纯铁试样在 650℃下进行表面渗氮，并测定渗氮后表层 N 含量为 5.8%。试画出在该温度下渗氮刚结束时试样从表层到心部的组织示意图。

2. 如果将渗氮温度降低到图中虚线表示的 530℃，气氛浓度为 C_0，渗氮结束后缓慢冷却至室温纯铁试样从表层到心部的组织与第一种情况下缓慢冷却至室温后的组织有什么差异？

3. 已知 N 在纯铁中的扩散激活能为 Q=18300J/mol，D_0=4.7×10^{-7}m²/s，试分别计算这两个温度下的扩散系数，并提出加速渗氮过程的三种方法。

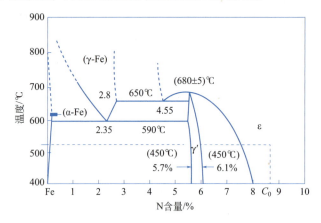

六、单晶铝的临界分切应力为 2.40×10^5Pa，当拉伸轴为 [001] 时，可能引起哪些滑移系开动？试计算引起屈服所需要的最小拉伸应力是多少？

七、试比较重结晶、再结晶和二次再结晶的差别；与静态再结晶相比，动态再结晶有什么特点？经冷变形的金属在随后再结晶过程中的弓出形核机制是什么？该机制一般在什么情况下出现？

八、联系实际题

1. 某铝锂合金在 520℃固溶处理 30min 后迅速冷却到室温，获得单一的过饱和固溶体，随后在 165℃时效处理 20h。试分析其析出的第二相尺寸与时效时间的关系，并论述其强化机理。

2. 将 Fe-0.4%C 碳钢和 Fe-0.4%C-4%Si 硅钢的钢棒对焊在一起形成扩散偶，然后加热至 1050℃进行 13 天的高温扩散退火，结果如图所示。试分析焊接面上碳原子发生了什么扩散？其形成的原因是什么？试画出扩散偶中硅原子的浓度随时间的变化曲线。

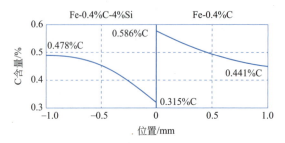

扩散偶在 1050℃扩散退火后的碳浓度分布

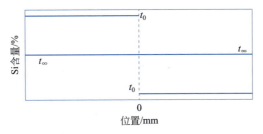

扩散偶中硅随时间的浓度分布

3. 根据 Cu-Ni 相图，示意画出 α 固溶体的强度和互扩散系数随着 Ni 含量增加的变化曲线，并分别说明其产生的机理。

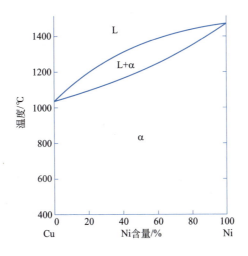

第二部分 硕士研究生入学考试试题与参考答案

东南大学2012年硕士研究生入学考试试题

一、**选择题**（单项选择，每题2分，共40分）

1. 某纯金属凝固时的形核功为 ΔG^*，其临界晶核界面能为 σA，则 ΔG^* 和 σA 的关系为（　　）。

   A. $\sigma A=3\Delta G^*$　　B. $\sigma A=1/3\Delta G^*$　　C. $\sigma A=2/3\Delta G^*$　　D. $\sigma A=\Delta G^*$

2. 关于动态过冷，下列说法正确的是（　　）。

   A. 液-固相线间距越大，动态过冷越大

   B. 动态过冷是指液相的过冷度随时间变化

   C. 晶体生长时，液固界面上的过冷度为动态过冷度

   D. 凝固速度越高，动态过冷越大

3. 对于片状共晶，片间距 λ 是一个重要参数，若凝固时（　　）。

   A. 过冷度越大，凝固速率越高，则 λ 越大，共晶材料的强度越高

   B. 过冷度越大，凝固速率越高，则 λ 越小，共晶材料的强度越高

   C. 过冷度越小，凝固速率越低，则 λ 越大，共晶材料的强度越高

   D. 过冷度越大，凝固速率越高，则 λ 越小，共晶材料的强度越低

4. Kirkendall效应中发生点阵平面迁移的原因是（　　）。

   A. 只有一种原子发生了扩散　　B. 发生了间隙扩散

   C. 两种原子的体积不同　　D. 两种原子的扩散速率不同

5. 亚共晶白口铸铁平衡冷却到室温时的组织中不存在（　　）。

   A. 共晶渗碳体　　B. 一次渗碳体

   C. 二次渗碳体　　D. 共析渗碳体

6. 下列转变过程中，没有液相参与的是（　　）。

   A. 共析转变　　B. 共晶转变

   C. 包晶转变　　D. 匀晶转变

7. 在二元系中，下列说法正确的是（　　）。

   A. 形成共晶组织的合金一定是共晶合金

   B. 从液相结晶出单相固溶体的反应都叫匀晶反应

   C. 发生包晶反应后没有液相剩余

   D. 只有在共晶温度下才会形成共晶组织

8. 三元相图中有垂直截面、水平截面和综合投影图，那么下列说法错误的是（　　）。

A. 用垂直截面可以得到截面成分范围内各成分材料在各温度下的相组成

B. 用水平截面可以得知各种成分的材料在此温度下的相组成

C. 用水平截面可以得知各种成分的材料在此温度下的组织组成

D. 可以利用综合投影图分析各种成分材料的平衡冷却过程

9. 下列发生了上坡扩散转变过程的是（　　）。

A. 脱溶转变　　　　B. 有序化转变　　　　C. 块状转变　　　　D. 调幅分解

10. 在脱溶相变过程中常常形成亚稳相（过渡相）而不直接析出平衡相，其原因是（　　）。

A. 形成亚稳相所需要克服的能量势垒低

B. 亚稳相与母相的成分相同

C. 亚稳相与母相的结构相同

D. 亚稳相与平衡相的结构相同，便于平衡相形核

11. 下列各图为金相显微镜所观察的形貌，其中对应形变孪晶的是（　　）。

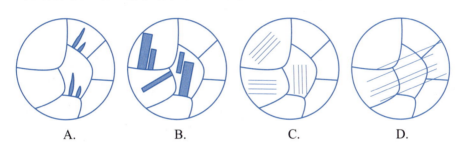

A.　　　　　　　B.　　　　　　　C.　　　　　　　D.

12. 在面心立方单晶体的典型应力-应变曲线上，如果切应力与切应变间符合抛物线关系，则说明晶体中很可能发生了（　　）。

A. 多滑移　　　　B. 交滑移　　　　C. 孪生　　　　D. 扭折

13. 某金属材料经冷变形后分为 A、B 两组，将 A 进行一定程序的回复处理，B 保持冷变形态，对这两批试样而言（　　）。

A. A 试样的再结晶温度比较高　　　　B. B 试样的再结晶温度比较高

C. A 试样与 B 试样具有相同的再结晶温度　　　　D. 难以判断

14. 如果某一晶体中若干晶面同属于某一晶带，则（　　）。

A. 这些晶面必定是同族晶面　　　　B. 这些晶面必定相互平行

C. 这些晶面上原子排列相同　　　　D. 这些晶面之间的交线相互平行

15. 单晶体在塑性变形过程中发生晶面转动是因为随着滑移进行（　　）。

A. 滑移方向发生变化　　　　B. 滑移面发生变化

C. 由于力的分解而产生了力偶　　　　D. 发生了交滑移

16. 密排六方和面心立方均属密排结构，它们的不同点是（　　）。

A. 晶胞选取方式不同　　　　B. 原子配位数不同

C. 密排面原子排列方式不同　　　　D. 原子密排面的堆垛方式不同

17. 有一右螺型位错，若把位错线的正向定义为原来的反向，此位错（　　）。

A. 仍为右螺型位错　　　　B. 变为左螺型位错

C. 性质不确定　　　　　　　　　　　　D. 和晶体结构有关系

18. 在面心立方金属中的滑移面和滑移方向通常是（　　）。
A. 滑移面是{111}，滑移方向是〈110〉
B. 滑移面是{111}，滑移方向是〈100〉
C. 滑移面是{110}，滑移方向是〈100〉
D. 滑移面是{110}，滑移方向是〈111〉

19. 从降低系统能量的角度分析，合金中析出的少量第二相通常更倾向在（　　）析出。
A. 晶粒内部　　　　B. 晶界　　　　C. 晶棱　　　　D. 晶角

20. 面心立方晶体共有 12 个滑移系，若滑移系的临界分切应力为 τ_c，则（　　）。
A. 各滑移系的 τ_c 都相等　　　　　　B. 各滑移系的 τ_c 都不相同
C. 取向因子大的滑移系 τ_c 大　　　　D. 取向因子小的滑移系 τ_c 大

二、(12分)

1. 扩散第一定律是否适用于置换扩散问题？为什么？

2. Fe-N 相图如下图所示，如果一块纯铁试样在 650℃下进行表面渗 N，并测定渗 N 后表层 N 含量为 20%（原子分数），试问会得到什么样的表层组织？画出组织示意图和浓度分布曲线。

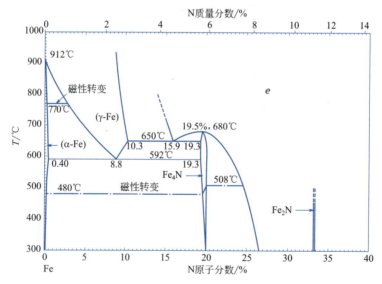

3. 什么是上坡扩散？什么情况下会发生上坡扩散？

三、（10分）
1. 纯金属凝固会不会出现边界层？会不会形成成分过冷？为什么？
2. 对于固溶体凝固，发生成分过冷的条件是什么？试用示意图说明。

四、(8分) 如果将碳含量为0.2%的一个钢件试样加热到950℃保温1h后，快速投入水中（淬火）：

1. 试问试样的强度和硬度是否会得到大幅度提高？为什么？
2. 如果对Al-4%Cu试样也采取淬火处理，是否也能获得显著的强化效果？为什么？
3. 如果要进一步提高上述Al-4%Cu试样的强度，应该采取什么样的工艺措施？并说明相应的原理。

五、(10分) 有一个由A、B两组元组成的二元系，试根据下列条件绘制二元相图的草图。

1. 已知A的熔点为700℃，B的熔点为1200℃。
2. B在A中的固溶体为α，B在A中的最大溶解度为45%，室温下B在A中的溶解度为10%。
3. A在B中的固溶体为β，A在B中的最大溶解度为15%，室温下A在B中的溶解度为5%。
4. 在900℃发生三相平衡反应，此时液相成分为20%B。

六、(8分) 下图是 Mo 含量为 20% 的 Fe-C-Mo 相图的垂直截面，请按从高温到低温的顺序写出对所标的成分（2.2%C）三元合金在平衡冷却过程中经过的各个相区，判断在哪些三相区和四相区发生的反应可以根据此截面图写出反应式，并写出相应的反应式。

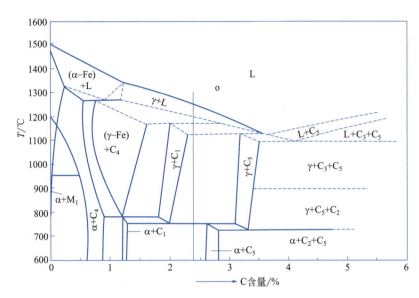

七、(6分) 根据下面所示的 Fe-C-W 三元相图的液相面投影图，说明 C 含量 2%、W 含量 40% 的三元 Fe-C-W 合金在平衡冷却过程中的初生相，以及可能发生的四相平衡反应，并写出反应式。

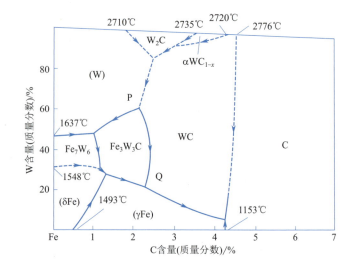

八、(12分) 根据下面三元相图综合投影图,写出点4、点13、点25所代表的成分在冷却过程中的热分析曲线。

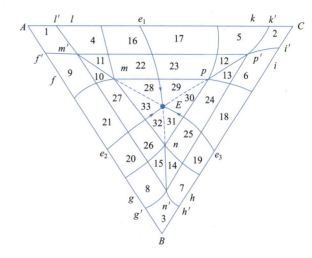

九、(8分) 在面心立方金属中（点阵常数为 a），$\dfrac{a}{2}[101]$ 与 $\dfrac{a}{6}[\bar{1}2\bar{1}]$ 位错能否通过反应形成新的位错？若不能，给出理由；若能，写出位错反应式，说明理由，并指出这些位错各属什么类型，判断反应后生成的新位错能否在滑移面上运动。

十、(6分) 什么是交滑移？在面心立方晶体中，位错交滑移的难易程度与层错能有何关系？为什么？

十一、（8分）立方点阵单胞轴长为 a，给出简单立方、体心立方、面心立方这三种点阵的每一个阵点的最近邻和次近邻的数量，并求出最近邻和次近邻的距离。

十二、（12分）

1. 画出立方晶体的单位晶胞，并标出晶胞的原点和基矢（a，b，c），然后在晶胞中画出（113）、（$\bar{1}$13）晶面和 [11$\bar{3}$]、[1$\bar{1}$3] 晶向（每一个晶面单独画在一个晶胞中，不要将不同的晶面画在同一晶胞中）。

2. 画出六方晶体的单位晶胞，并标出晶胞的基矢。然后在晶胞中画出（11$\bar{2}$0）、（$\bar{1}$012）晶面和 [11$\bar{2}$0]、[$\bar{2}$113] 晶向。

十三、(10分) 与传统的低碳钢相比,微合金高强钢通过加入微量 V、Nb、N、B 等元素,同时采用控制轧制等形变措施,使得微合金化低碳钢的强度显著提高。试分析微合金高强钢的强化机理。

东南大学2013年硕士研究生入学考试试题

一、选择题（单项选择，每题2分，共40分）

1. 对于A、B两种原子形成的固溶体，下列说法正确的是（　　）。
   A. 形成间隙固溶体时，仅有间隙原子发生扩散
   B. 形成间隙固溶体时，不会发生空位扩散
   C. 形成置换固溶体时，A、B两种原子都会发生扩散
   D. 形成置换固溶体时，不会发生空位扩散

2. 钢件进行渗碳处理时通常选择的温度范围在奥氏体单相区，其原因不可能为（　　）。
   A. 渗碳温度较高，碳原子具有较高的动能
   B. 碳在奥氏体中的溶解度大，从而容易形成较大的浓度梯度
   C. 渗碳温度较高，会在钢基体中形成更多的缺陷，从而促进扩散
   D. 碳在奥氏体中的扩散激活能较高

3. 若A、B两组元形成共晶相图，则（　　）。
   A. 共晶点的温度通常高于A或B组元的熔点
   B. 共晶点附近成分的合金通常具有较好的铸造性能
   C. 共晶反应结束后仍可能有液相剩余
   D. 室温下合金的组织一定是共晶组织

4. 变态莱氏体（低温莱氏体）中不含有（　　）。
   A. 一次渗碳体　　B. 二次渗碳体　　C. 共晶渗碳体　　D. 共析渗碳体

5. 关于三元相图的水平截面，下列说法正确的是（　　）。
   A. 可以判断相组成　　　　　　B. 可以判断组织组成
   C. 可以在两相区利用杠杆定理计算组织组成的相对含量
   D. 可以判断三相区发生的反应类型

6. 某三元相图在发生四相平衡反应后仍然有液相剩余，则该四相平衡反应可能是（　　）。
   A. 共晶　　　　B. 共析　　　　C. 包共晶　　　　D. 包共析

7. 实际使用的三元相图主要是垂直截面、水平截面或投影图，下列说法错误的是（　　）。
   A. 根据液相面投影图可以判断三元系中不同成分合金的初生相

B. 根据综合投影图可以分析不同成分合金的平衡凝固过程

C. 根据垂直截面可以分析某成分合金的平衡凝固过程

D. 根据水平截面可以分析某成分合金的平衡凝固过程

8. 对于平衡分配系数 k_0 和有效分配系数 k_e，如果 $k_0 < 1$，则在（　　）情况下，凝固过程中液固两相的界面上没有边界层。

A. $k_0 < k_e < 1$　　　　B. $k_e = k_0$　　　　C. $k_e = 1$　　　　D. $k_e > 1$

9. 过冷度 ΔT、临界半径 r^* 和形核功 ΔG^* 是纯金属凝固过程中的重要物理参数，它们之间的关系是（　　）。

A. ΔT 越大，r^* 越大，ΔG^* 越大　　　　B. ΔT 越大，r^* 越大，ΔG^* 越小

C. ΔT 越大，r^* 越小，ΔG^* 越大　　　　D. ΔT 越大，r^* 越小，ΔG^* 越小

10. 下列固态相变中，不属于一级相变的是（　　）。

A. 金属凝固　　　B. 固溶体的脱溶　　　C. 磁性转变　　　D. 马氏体相变

11. 密排六方和面心立方均属密排结构，它们的不同点是（　　）。

A. 原子密排面的堆垛方式不同　　　　B. 原子配位数不同

C. 晶胞选取原则不同　　　　D. 密排面上的原子排列方式不同

12. 组成固溶体的两组元完全互溶的必要条件是（　　）。

A. 两组元的电子浓度相同　　　　B. 两组元的晶体结构相同

C. 两组元的原子半径相同　　　　D. 两组元的电负性相同

13. 在理想的热力学平衡态，下列不应存在的缺陷是（　　）。

A. 空位、晶界　　　　B. 位错、晶界

C. 空位、位错　　　　D. 空位、位错、晶界

14. 纯铅可在室温（20℃）下持续进行塑性变形，其主要原因是（　　）。

A. 铅为面心立方结构　　　　B. 纯铅中杂质含量较少

C. 铅的再结晶温度较低　　　　D. 铅的形变抗力较小

15. 晶体的孪生变形与滑移变形不同，在于（　　）。

A. 滑移变形是位错滑移造成的，而孪生则不是

B. 孪生变形是均匀切变过程，而滑移则不是

C. 滑移变形导致晶体体积变化，而孪生则不会

D. 滑移变形沿着特定的晶体学面与方向进行，而孪生则可沿任意晶体学面和方向进行

16. 下列对称操作不属于宏观对称的是（　　）。

A. 镜面对称　　　B. 旋转反演　　　C. 滑移面　　　D. 中心对称

17. 立方晶系中 {110} 晶面族包含（　　）个等同晶面。

A. 2　　　　B. 4　　　　C. 6　　　　D. 8

18. 黄铜在经过塑性变形后易发生应力腐蚀，需在保持一定的硬度条件下消除宏观残余应力，可采用（　　）。

A. 退火回复　　　B. 退火再结晶　　　C. 应变时效　　　D. 加大变形量

19. 关于晶体中间隙原子的说法，正确的是（　　）。

A. 晶体中间隙尺寸明显小于原子尺寸，所以平衡时晶体中不应该存在间隙原子

B. 间隙原子总是与空位成对出现

C. 间隙原子形成能较空位形成能大得多

D. 只有杂质原子才可能成为间隙原子

20. 只有刃型位错能进行攀移运动，这是因为（   ）。

A. 刃型位错的柏氏矢量平行于位错线   B. 刃型位错存在多余半原子面

C. 刃型位错可以是曲线形状   D. 刃型位错的滑移面不唯一

二、作图题（8分）

写出下图所示密排六方结构中晶面 A、B，晶向 C、D 的三轴和四轴指数。在立方单胞中画出（$2\bar{3}1$）、（$01\bar{3}$）晶面和 [$1\bar{2}2$]、[$\bar{2}11$] 晶向，注意标出基矢（每个指数单独画或晶面和晶向指数分开在两个晶胞中画）。

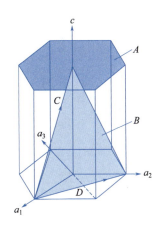

三、(8分) 回答以下问题：

1. 如果某一个单相固溶体凝固后形成了胞状晶组织，合金在凝固过程中是否发生了成分过冷？为什么？

2. 如果凝固组织中晶粒之间是平直界面，合金在凝固过程中是否发生了成分过冷？为什么？

3. 在单元系凝固时是否也会发生成分过冷？为什么？

四、（8分）A、B 两组元在液态和固态都完全互溶，扩散系数分别用 D_A 和 D_B 表示。现将纯 A 和纯 B 各一块组成扩散偶，并在 A/B 界面上放置钼丝。将此扩散偶置于略低于固相线温度下加热，问：

1. 如果若干小时后，钼丝向 B 端迁移，比较 D_A 与 D_B 的大小关系，并说明原因。
2. 在这对扩散偶中是否会发生稳态扩散？为什么？
3. 对于这对扩散偶中原子迁移的规律能用什么方程解决？写出相应的数学表达式和扩散系数表达式。

五、(5分) 单相固溶体在凝固过程中,为什么一般情况下形成多晶体而不是单晶体?单相固溶体在凝固过程中是否一定会发生成分偏析?为什么?对于成分特定的单相固溶体,在非平衡凝固条件下用什么方法可以减轻偏析?

六、(10分) 根据下列条件绘制 A、B 组成的二元相图。

1. A 元素的熔点为 950℃,B 元素的熔点为 1050℃。

2. 室温下,B 在 A 中形成固溶体 α,B 的溶解度为 5%,A 在 B 中形成固溶体 β,A 的溶解度为 5%。

3. 900℃下发生反应:L(50%B)+β(90%B)⟶γ(65%B)。

4. 700℃下液相发生反应:L(20%B)⟶α(15%B)+γ(25%B)。

5. 在室温下中间相 γ 的成分范围为(28%～33%)B。

七、（10分）根据 Fe-C 相图回答以下问题：

1. 在亚稳态 Fe-Fe₃C 相图和稳态 Fe-C 相图中各有几个三相平衡反应？写出相应的反应式。

2. 计算碳含量为 1.5% 的 Fe-C 合金室温下组织中二次渗碳体的含量。

3. 用热分析曲线表示碳含量为 0.5% 的合金，在平衡冷却过程中会发生的两相和三相平衡反应，并画出室温组织的示意图。

4. 在相图中为什么没有马氏体和贝氏体的相区？

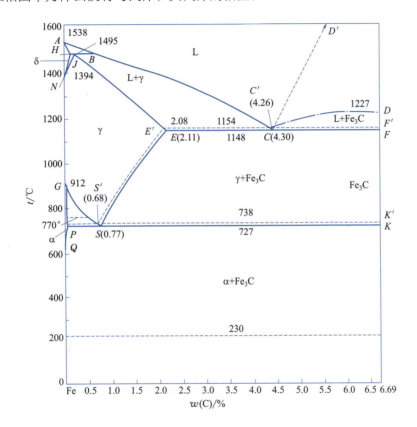

八、(14分) 根据下图所示的三元系的综合投影图：

1. 写出在标记为 30、27、19、13、9 五个区域内合金在室温下的组织组成和相组成（包括从初生相中析出的次生相）。

2. 写出该三元系中发生的三相和四相平衡反应的反应式。

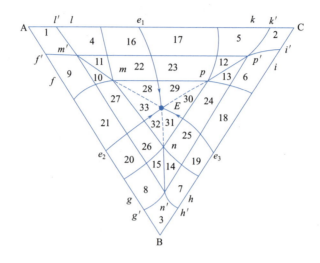

九、（6分） 阐述间隙相、间隙化合物和间隙固溶体之间的区别。

十、（6分） 通常温度下，细晶强化是唯一可能同时提高材料强度和塑性的强化方式，试分析其原因。

十一、(9分)若面心立方晶体中开动的滑移系为 $(11\bar{1})[101]$,那么:

1. 写出导致滑移的位错柏氏矢量。

2. 若滑移是由螺位错引起的,给出位错线的方向。当该位错滑移受阻时,能否通过交滑移转移到 $(1\bar{1}1)$、(111)、$(\bar{1}11)$ 面中的某个面上继续滑移?为什么?

3. 若滑移是由刃位错运动引起的,给出位错线的方向;如该位错分解为两个肖克莱不全位错,写出该反应的反应式,并说明反应成立的理由。

十二、(9分) 典型单晶拉伸塑性变形过程的应力-应变曲线呈现出三个不同阶段，如图（a）所示，试简述这三个阶段的各自特征并解释其机制。同时试验表明，材料结构特征的不同会对该曲线的形状产生影响。如图（b）所示为3种常见结构纯金属单晶体在处于软取向时的应力-应变曲线，试解释为什么与Cu和Nb相比，纯Mg在软取向时曲线的第一阶段很长且几乎没有第二阶段。

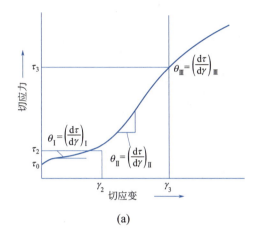

(a)

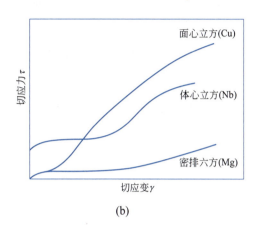

(b)

十三、(8分) 如图所示是经冷塑性变形加工后的金属在某一温度下加热时,其显微组织随时间延长的变化过程,请解释:

1. (a)、(b)、(c)、(d) 各图分别代表加热过程中材料的何种状态?
2. 促使材料发生图中各状态间转变的驱动力是什么?
3. 与该图对应的材料组织亚结构变化有何规律?
4. 材料力学性能在此过程中是如何变化的?

 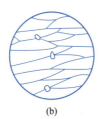 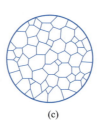 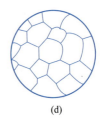

   (a)   (b)   (c)   (d)

十四、（9分） 在立方结构晶体中，利用极射赤面投影解决下述问题：

1. 列举出两个与（131）及（1$\bar{3}$1）晶面同属一个晶带的晶面。
2. 这个晶带的晶带轴在什么位置（画大致示意图指出）？并写出这个晶带轴的晶向指数。
3. （1$\bar{3}\bar{2}$）晶面是否也属于这个晶带？为什么？

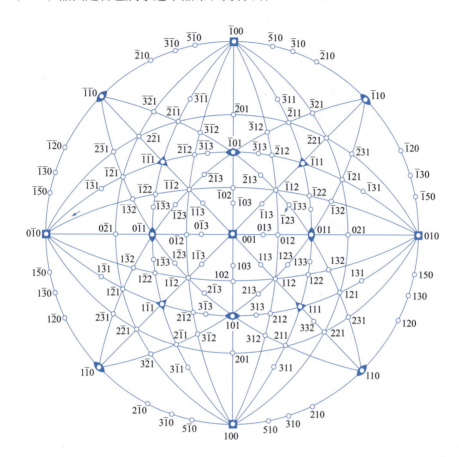

东南大学2014年硕士研究生入学考试试题

一、选择题（单项选择，每题2分，共40分）

1. 下列系统中不可能发生克肯达尔（Kirkendall）效应的是（　　）。
   A. Fe-Ni　　　　B. Fe-Cr　　　　C. Fe-C　　　　D. Cu-Ni

2. A、B两组元组成的置换固溶体中，除了原子的定向扩散外，还会发生空位扩散，空位扩散形成空位流，则空位流的方向（　　）。
   A. 是随机的，与A或B的扩散系数无关
   B. 与B原子的扩散方向相同，如果 $D_A > D_B$
   C. 与A原子的扩散方向相同，如果 $D_A > D_B$
   D. 与B原子的扩散方向相同，如果 $D_A < D_B$

3. 单相固溶体非均匀凝固时，平衡分配系数 k_0 与有效分配系数 k_e 相等的是（　　）。
   A. 液相中溶质原子与溶剂完全混合
   B. 液相中溶质原子与溶剂完全不混合
   C. 液相中溶质原子与溶剂部分混合
   D. 液相和固相中溶质与溶剂都完全不混合

4. 二元相图中，匀晶转变只能发生在（　　）。
   A. 匀晶相图的两相区
   B. 任何二元相图的任何两相区
   C. 任何二元相图的液-固两相区
   D. 任何二元相图三相区以上的两相区

5. 碳含量为4%（质量分数）的Fe-C合金平衡冷却的室温组织中，不存在的渗碳体是（　　）。
   A. 一次渗碳体　　B. 二次渗碳体　　C. 三次渗碳体　　D. 共晶渗碳体

6. 下列铸造缺陷中可以通过退火消除的是（　　）。
   A. 密度偏析　　B. 枝晶偏析　　C. 正偏析　　D. 反偏析

7. 关于三元相图，下列说法错误的是（　　）。
   A. 利用液相面投影图可以判断不同成分合金的初生相
   B. 利用垂直截面可以判断该截面内成分合金在不同温度时的相组成
   C. 利用水平截面可以判断对应温度下不同成分合金的组织组成和相组成
   D. 利用综合投影图可以分析不同成分合金的平衡冷却过程

8. 运用三元系的垂直截面（　　）。
   A. 可以用杠杆定理计算两相区内各相的百分数
   B. 可以用重心法则计算三相区内各相的百分数
   C. 可以确定所有的三相区内发生的三相平衡反应的反应式

D. 可以确定四相平衡反应的反应式，如果四相区同时和四个三相区相邻

9. 与非均匀形核时润湿角的大小有关的因素是（　　）。
   A. 晶核与形核基底之间的界面能 $\sigma_{\alpha w}$
   B. 形核的驱动力 ΔG_V
   C. 过冷度 ΔT
   D. 系统的熔点 T_m

10. 关于成分过冷，下列说法错误的是（　　）。
    A. 液－固相线间距越大，成分过冷区越大
    B. 液相线斜率越大，成分过冷区越大
    C. 扩散系数越大，成分过冷区越大
    D. 凝固速度越高，成分过冷区越大

11. 在脱溶相变过程中常常形成亚稳相（过渡相）而不直接析出平衡相，其原因是（　　）。
    A. 形成亚稳相所需要克服的能量势垒低
    B. 亚稳相与母相的成分相同
    C. 亚稳相与母相的结构相同
    D. 亚稳相与平衡相的结构相同，便于平衡相形核

12. 下列不需要形核的过程也可以完成的转变是（　　）。
    A. 沉淀相变　　B. 调幅分解　　C. 共析转变　　D. 马氏体转变

13. 下列立方晶体的晶面中，与（201）和（231）晶面属同一晶带的是（　　）。
    A.（313）　　B.（010）　　C.（312）　　D.（011）

14. 下面属于面心立方晶体中的三次对称轴晶向的是（　　）。
    A.［100］　　B.［110］　　C.［111］　　D.［211］

15. 关于晶体中间隙原子的说法，正确的是（　　）。
    A. 晶体中间隙尺寸明显小于原子尺寸，所以平衡时晶体中不应该存在间隙原子
    B. 间隙原子总是与空位成对出现
    C. 只有杂质原子才可能成为间隙原子
    D. 间隙原子形成能较空位形成能大得多

16. 经塑性变形后的金属在高温热处理过程中发生了回复、再结晶、晶粒长大及二次再结晶过程，它们的驱动力分别为（　　）。
    A. 前两者来源于形变储存能，后两者来源于晶界能
    B. 前两者来源于晶界能，后两者来源于形变储存能
    C. 均来源于外部加热的能量
    D. 前三者来源于形变储存能，最后者来源于晶界能

17. 可能导致塑性变形后金属中出现多边化过程及亚晶的是（　　）。
    A. 高温回复
    B. 再结晶
    C. 位错切过第二相
    D. 固溶体无序有序转变

18. 单晶体的临界分切应力值（　　）。
    A. 与外力相对滑移系的取向有关
    B. 与晶体的类型和纯度有关
    C. 与材料的屈服应力有关
    D. 与拉伸时的应变大小有关

19. 面心立方晶体中的弗兰克不全位错（$a\langle 111\rangle/3$）（　　）。
   A. 只能滑移，不能攀移　　　　　　　B. 只能是直线
   C. 只能是纯刃型位错　　　　　　　　D. 可以滑移，也可以攀移

20. 若简单立方晶体（001）滑移面上有 1 个 $b=[010]$ 的刃型位错，并与（010）滑移面上的 1 个 $b=[100]$ 的刃型位错相交截，交截后这两个位错的形态（　　）。
   A. 前者形成扭折，后者形成可动割阶
   B. 前者无变化，后者形成可动割阶
   C. 前者形成可动割阶，后者形成不动割阶
   D. 前者形成不动割阶，后者形成扭折

二、作图题（8 分）

1. 画出立方晶体的单位晶胞，并标出晶胞的原点和基矢（a，b，c），然后在晶胞中画出（$1\bar{2}2$）、（$1\bar{3}1$）晶面和 [$\bar{2}11$]、[$12\bar{2}$] 晶向（晶面和晶向分开画在不同的晶胞中）。

2. 画出六方晶体的单位晶胞，并标出晶胞的基矢。然后在晶胞中画出（$11\bar{2}0$）、（$\bar{1}012$）晶面和 [$11\bar{2}0$]、[$\bar{1}2\bar{1}3$] 晶向。

三、(9分) 如图所示为某晶体结构的几个晶面原子排列图：
1. 绘出其晶体结构图。
2. 指出其所属布拉菲点阵类型。
3. 计算其致密度。

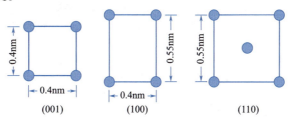

(001)　　(100)　　(110)

四、(8分) 根据下图所给的 Cu-Ni 和 Cu-Ti 二元合金平衡相图，分别以 Ni 或 Cu 为合金元素，采用不同强化方法设计两种具有较高强度的铜基合金，要求给出典型的合金成分（或范围）、具体的处理工艺方法，同时对其强化机理进行分析。

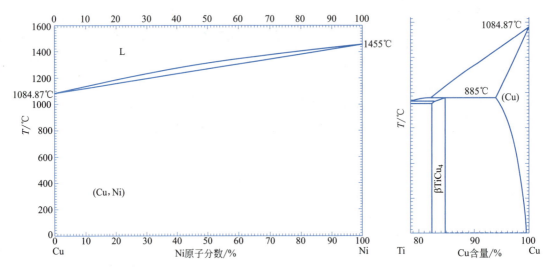

五、(12分) 若一面心立方晶体在变形过程中开动了 ($\bar{1}11$)[110] 滑移系：

1. 写出导致该滑移的全位错柏氏矢量。

2. 若位错为螺型位错，给出位错线的方向。若该位错分解为两个肖克莱不全位错，写出该反应的反应式，并说明反应成立的理由。

3. 若分解后的不全位错在继续滑移时受阻，可通过怎样的方式交滑移到其他滑移面上继续滑移，并给出交滑移后的滑移面晶面指数。

4. 交滑移后，该位错可继续分解成肖克莱不全位错，写出此时该反应的反应式。

六、(8分) 在生产某种高强高导铜合金导线时，需要首先对原材料进行较大形变量的室温冷拉拔变形：

1. 试阐述塑性变形过程中随着变形量的增加，材料的强度、塑性和电导率的变化，并对其原因进行简要分析。

2. 经冷拉拔后的铜丝并不能直接使用，还需经过一定的热处理，若长时间进行高温退火，试阐述随着退火时间的延长，材料的强度、塑性和电导率的变化，并对其原因进行简要分析。

3. 试画出在上述塑性变形和高温退火过程中，材料的金相显微组织的变化过程；在上述高温退火过程中，要想达到材料强度和塑性的综合力学性能的最佳匹配，退火应在组织变化的哪个阶段结束？为什么？

七、（8分）多晶体塑性变形与单晶体的塑性变形存在哪些不同之处？简述晶粒尺寸和晶界在多晶塑性变形过程中的作用。

八、（6分）经冷变形的金属在随后再结晶过程中的弓出形核机制是怎么回事？这种机制一般在何种情况下出现？

九、(7分) 组元 A 和 B 形成的二元相图如下图（a）所示，假设有如图（b）所示的一个扩散偶，其左端富 A，右端富 B，若将该扩散偶置于 1200℃长时间加热：

1. 请画出该扩散偶内的组织示意图。
2. 在这扩散偶中是否会形成 α+γ 或 γ+β 两相区？为什么？

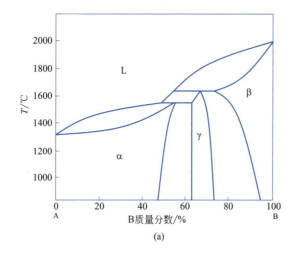

(a)

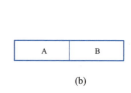

(b)

十、（8分）根据下列数据绘制概略的 A-B 二元系相图。

1. 组元 A 的熔点为 980℃，组元 B 的熔点为 750℃。
2. α 是 B 在 A 中的固溶体，β 是 A 在 B 中的固溶体。
3. 室温下 B 在 α 中的溶解度为 6%（质量分数），A 在 β 中的溶解度为 4%（质量分数）。
4. A 和 B 具有下列恒温反应（式中均为质量分数）：

$$L(40\%B) + \alpha(15\%B) \xrightleftharpoons{800℃} \gamma(30\%B)$$

$$L(70\%B) \xrightleftharpoons{550℃} \gamma(55\%B) + \beta(85\%B)$$

5. 室温下 B 在 γ 中的含量在 35%～52%（质量分数）的范围。

十一、（13分）根据如下铁碳平衡相图，回答以下问题。

1. 用热分析曲线表示成分为 Fe-0.3%C 和 Fe-1.0%C 的合金的平衡冷却过程，并画出这两种合金的室温下组织示意图。

2. 分别写出上述两种合金在室温下的组织组成和相组成，并计算组织组成的相对百分含量。

3. 两种合金在室温下的硬度是否有差异？简要分析其原因。

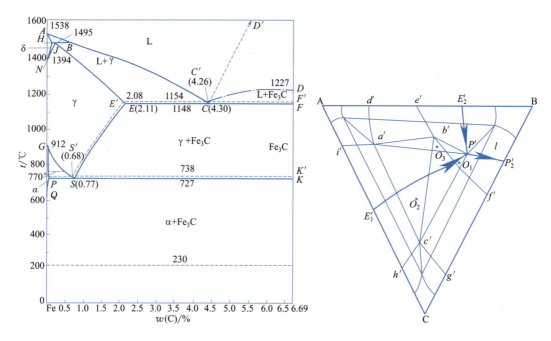

十二、（15 分）根据上图所示的三元相图的综合投影图，假设三个顶角附近（即富 A、富 B 和富 C）的固溶体分别为 α、β 和 γ。

1. 写出发生四相平衡的范围，并写出四相平衡反应的反应式。
2. 写出三相平衡反应的反应式。
3. 分别写出 O_1、O_2 和 O_3 成分的合金在平衡冷却时的热分析曲线。

十三、(8分) 将含C量为0.2%（质量分数）的Fe-C合金试样加热到920℃保温一段时间后，快速投入水中冷却，试问：

1. 试样的强度和硬度是否会得到大幅度提高？为什么？

2. 如果对一个Al-Cu合金试样（Cu的质量分数为4%）也采取类似的工艺（加热到500℃，快速投入水中冷却），是否也能获得显著的强化效果？为什么？

3. 要提高上述Al-Cu合金试样的强度应该采取什么样的工艺措施？并说明相应的原理。

东南大学2015年硕士研究生入学考试试题

一、选择题（单项选择，每题2分，共40分）

1. 下列过程中一定不会发生反应扩散的是（   ）。
   A. 钢的氧化   B. 纯铁渗氮过程
   C. 镍扩散到铜中形成单相固溶体   D. 纯铁渗碳过程

2. 下列元素中在 γ-Fe 中的扩散激活能最小的是（   ）。
   A. C   B. Cr   C. Ni   D. Mn

3. 若 A、B、C 三个组元形成的三元相图为三元包共晶相图，则 A-B、B-C 和 A-C 三个二元相图（   ）。
   A. 至少有一个为包晶型相图   B. 至少有一个为共晶型相图
   C. 至少有一个为匀晶相图   D. 上述说法都不对

4. 某二元合金系在三相平衡转变后没有液相剩余，则该三相平衡反应（   ）。
   A. 一定是共晶转变   B. 可能是包晶转变
   C. 一定是共析转变   D. 一定是包析转变

5. 根据相律（假设 $\Delta P=0$），下列说法错误的是（   ）。
   A. 二元相图中可能存在四相平衡   B. 三元相图中可能存在四相平衡
   C. 二元相图中可能存在四种相   D. 三元相图中可能存在四种相

6. 实际使用的三元相图通常都是平面化了的截面图或投影图，下列说法正确的是（   ）。
   A. 可以根据垂直截面确定两平衡相的成分，并用杠杆定理计算相对含量
   B. 水平截面可以反映三元合金的整个凝固过程
   C. 等温线投影图可以反映三元合金的整个凝固过程
   D. 综合投影图可以反映三元合金的整个凝固过程

7. 综合投影图是三元相图投影图中应用最多的一种，关于综合投影图，下列说法错误的是（   ）。
   A. 利用综合投影图可以确定各合金的初生相
   B. 利用综合投影图可以确定发生相变的温度
   C. 利用综合投影图可以确定室温下的相组成
   D. 利用综合投影图可以确定室温下的组织组成

8. 下列有关液态金属的特征表述错误的是（   ）。

A. 液态金属近邻原子的结合键与固态金属相近
B. 液态金属的原子间距与固态金属相近
C. 液态金属原子排列存在短程有序
D. 液态金属的原子运动状态与固态金属相近

9. 纯金属均匀形核的必要条件不包括（　　）。
A. 过冷度　　　B. 相起伏　　　C. 能量起伏　　　D. 成分起伏

10. 下列偏析不属于微观偏析的是（　　）。
A. 枝晶偏析　　B. 密度偏析　　C. 胞状偏析　　　D. 晶界偏析

11. 固溶体析出过程中通常先形成过渡相而不直接形成平衡相，其原因为（　　）。
A. 直接形成平衡相需要的形核功比形成过渡相大
B. 平衡相的尺寸较大，因此难以形核
C. 平衡相的晶体结构比较复杂，因此难以形核
D. 平衡相与固溶体成分相差较大，因此难以形核

12. 关于马氏体相变，下列说法错误的是（　　）。
A. 马氏体相变是通过均匀切变进行的
B. 马氏体相变属于扩散型相变
C. 马氏体与母相是共格的，存在确定的位相关系
D. 马氏体相变具有可逆性

13. 下列缺陷一般不作为晶体缺陷看待的是（　　）。
A. 间隙原子　　B. 层错　　　C. 孔洞　　　D. 晶界

14. 刃型位错的滑移方向与位错线之间的几何关系是（　　）。
A. 垂直　　　B. 平行　　　C. 任意　　　D. 不好确定

15. 塑性变形产生的滑移面和滑移方向是（　　）。
A. 晶体中原子密度最大的面和原子间距最短方向
B. 晶体中原子密度最大的面和原子间距最长方向
C. 晶体中原子密度最小的面和原子间距最短方向
D. 晶体中原子密度最小的面和原子间距最长方向

16. Cottrell 气团理论对应变时效现象的解释是（　　）。
A. 溶质原子再扩散到位错周围　　　　B. 位错增殖的结果
C. 位错密度降低的结果　　　　　　　D. 位错发生多变化的结果

17. 形变后的材料再升温时发生回复与再结晶现象，则点缺陷浓度下降明显发生在（　　）阶段。
A. 回复　　　B. 再结晶　　　C. 晶粒长大　　　D. 二次长大

18. 对于变形程度较小的金属，其再结晶形核机制为（　　）。
A. 晶界合并　　B. 晶界迁移　　C. 晶界弓出　　　D. 晶界滑移

19. 密排六方和面心立方均属密排结构，它们的不同点是（　　）。
A. 原子密排面的堆垛方式不同　　　　B. 原子配位数不同
C. 晶胞选取原则不同　　　　　　　　D. 密排面上的原子排列方式不同

20. 面心立方晶体中的肖克莱不全位错（　　）。
A. 只能是纯刃型位错　　　　　　B. 只能攀移
C. 可以是二维曲线形状　　　　　D. 可通过部分抽掉一层密排面形成

二、作图题（10分）

1. 画出立方晶体的单位晶胞，并标出晶胞的原点和基矢（a，b，c），然后在晶胞中画出（$1\bar{2}1$）、（$1\bar{3}0$）晶面和 [$\bar{2}10$]、[$11\bar{2}$] 晶向（晶面和晶向分开画在不同的晶胞中）。

2. 画出六方晶体的单位晶胞，并标出晶胞的基矢。然后在晶胞中画出（$1\bar{2}1$）、（$1\bar{3}0$）晶面和 [$\bar{2}10$]、[$11\bar{2}$] 晶向，并将上述晶面和晶向转换为四轴指数形式。

三、(8分) 某立方晶体结构单质中,在(0, 0, 0),(0, 1/2, 1/2),(1/2, 1/2, 0),(1/2, 0, 1/2) 以及 (1/4, 1/4, 1/4),(1/4, 3/4, 3/4),(3/4, 3/4, 1/4),(3/4, 1/4, 3/4) 处有原子,请问:

1. 画出该晶胞示意图。
2. 该晶体结构属于哪种布拉菲点阵?结构基元是什么?单位晶胞中包含几个原子?
3. 该晶胞致密度为多少?

四、(10分) 渗碳处理是常用的钢铁材料表面强化工艺，试根据 Fe-Fe$_3$C 相图回答以下问题：

1. 计算 870℃与 927℃两种温度渗碳，碳在奥氏体铁中的扩散系数各是多少？已知 $D_0 = 2.0 \times 10^{-5}$ m^2/s，$Q = 140$ kJ/mol。

2. 870℃渗碳需要多少时间才能获得与 927℃渗碳 10h 相同的渗层厚度（忽略不同温度下碳在奥氏体铁中的溶解度差别）？

3. 除碳（C）外，是否可以列举其他钢铁材料表面的强化元素，选择这些元素需要注意哪些问题（考虑扩散速度和强化效果）？

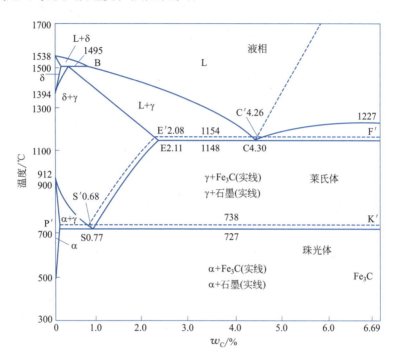

五、（10分） 根据上题 Fe-Fe₃C 相图回答：

1. 用冷却曲线说明碳含量 0.6% 铁碳合金按亚稳系统从液态平衡冷却到室温的转变过程，画出合金在 730℃和 720℃显微组织的示意图。

2. 分析含碳 3.2% 的铁碳合金从液态平衡冷却到室温的转变过程，并计算各组织组成物在室温下的质量分数及各组成相的质量分数。

3. 分别计算铁碳合金中一次、二次、三次渗碳体的最大可能含量。

六、(10 分) 根据 Sn-Sb-Cu 三元相图的液相面投影图回答：

1. 写出所有的四相平衡反应方程。
2. 当 Sb 含量超过 30%（原子分数）时，指出发生四相平衡反应的最低温度点。
3. 指出上述发生四相平衡反应的所有 Sn-Sb-Cu 三元系中熔程（开始凝固到完全凝固的温度区间）最小点。

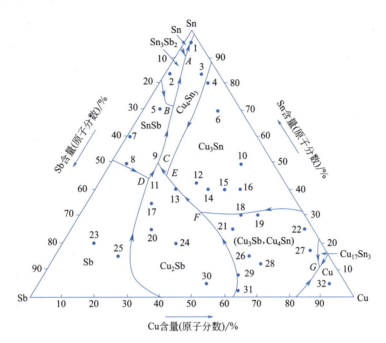

七、(10分) 根据 Cu-Ga-Mn 三元相图的垂直截面图回答：

1. 找出相图中的三相平衡区，写出可以判断反应类型的反应式（图中?Cu$_3$Ga 表示还未确定的相，可按图中标注方法表示）。

2. 找出相图中的四相平衡区，写出可以判断反应类型的反应式。

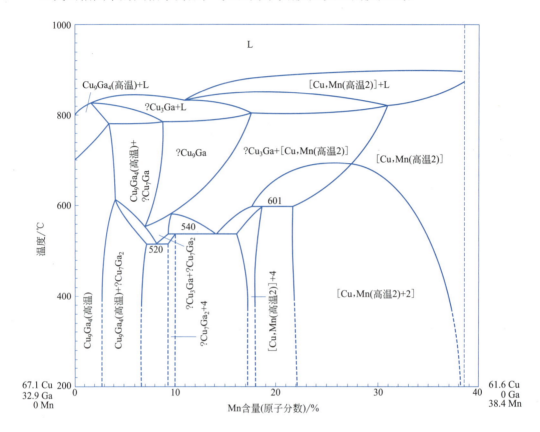

八、(8分) 根据下图所示的三元相图综合投影图,写出1、2、3点成分的合金在平衡冷却时的热分析曲线(假设 A、B、C 三个顶点附近形成的固溶体分别为 α、β、γ)。

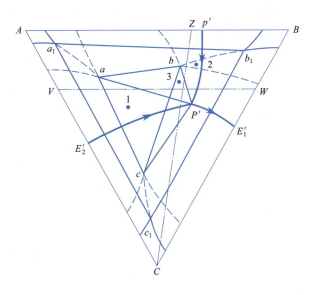

九、（9分） 根据 Al-Mg 二元相图（如下图所示）回答问题：

1. Al-10%（原子分数）Mg 合金的凝固组织容易发现有树枝晶，原因如何？
2. 该合金从 400℃ 快速冷却（淬火）到室温，与缓慢冷却相比，性能发生什么样的变化？原因如何？
3. 淬火后的合金在进行人工时效处理时，性能发生什么样的变化？原因如何？

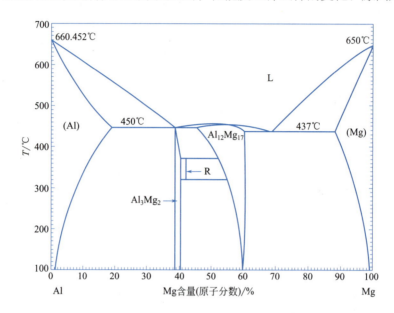

十、(9分) 有一单晶铜棒，棒轴为 [123]，今沿棒轴方向施加拉伸载荷使其变形，利用下图所给的标准投影图分析：

1. 变形时的初始滑移系是什么？
2. 开始滑移后，会发生怎样的转动规律？
3. 转动后会形成什么样的复滑移？

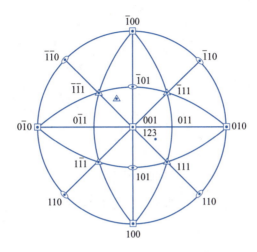

十一、(6分) 晶体中是否存在五次对称性？为什么？如何证明？

十二、(10分) 有一面心立方晶体，在 (111) 面滑移的柏氏矢量为 $\frac{a}{2}[10\bar{1}]$ 的右螺型位错，与在 $(1\bar{1}1)$ 面上滑移的柏氏矢量为 $\frac{a}{2}[011]$ 的另一右螺型位错相遇于此两滑移面交线并形成一个新的全位错。

1. 求生成全位错的柏氏矢量和位错线方向。
2. 新生成的全位错属哪类位错？该位错能否滑移？为什么？

十三、(10分) 如下图所示，将一楔形铜板置于间距恒定的两轧辊间由右向左轧制。

1. 试分析轧制后沿片长方向铜片的金相组织及位错亚结构的特征，以及硬度和塑性的变化。

2. 变形后的铜片进行高温退火，分析并画出轧制后铜片经再结晶后晶粒大小沿片长方向变化的示意图，说明此时不同部位的硬度和塑性的变化。

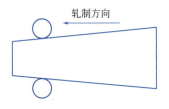

东南大学2016年硕士研究生入学考试试题

一、**选择题**（单项选择，每题2分，共4分）

1. 下列关于位错应力场的说法中，正确的是（　　）。
   A. 刃型位错只有正应力场　　　　　　B. 刃型位错只有切应力场
   C. 螺型位错只有正应力场　　　　　　D. 螺型位错只有切应力场

2. 为满足多晶塑性形变要求，晶体中的独立滑移系数量至少要达到（　　）。
   A. 3　　　　B. 4　　　　C. 5　　　　D. 6

3. 下列（　　）情况下的金属中易出现退火孪晶？
   A. 较难滑移的金属　　　　　　　　　B. 低层错能面心立方结构
   C. 高层错能密排六方结构　　　　　　D. 高温长时间退火

4. 立方晶体中 [110] 方向是其（　　）。
   A. 2次对称轴　　B. 3次对称轴　　C. 4次对称轴　　D. 6次对称轴

5. 组成固溶体的两组元完全互溶的必要条件是（　　）。
   A. 两组元的电子浓度相同　　　　　　B. 两组元的晶体结构相同
   C. 两组元的原子半径相同　　　　　　D. 两组元的电负性相同

6. 纯铅（熔点约328℃）可在室温下（25℃）持续进行塑性变形，其主要原因是（　　）。
   A. 铅为面心立方结构　　　　　　　　B. 纯铅中杂质含量较小
   C. 铅的再结晶温度低于室温　　　　　D. 铅的形变抗力较小

7. 下列点阵不属于布拉菲点阵的是（　　）。
   A. 面心立方　　B. 体心立方　　C. 密排六方　　D. 简单立方

8. 空间点阵是用来描述晶体结构的周期性，因此（　　）。
   A. 自然界存在的晶体结构和空间点阵的数量相同
   B. 任何一个晶体的晶体结构和空间点阵完全等同
   C. 表征晶体结构周期性的空间点阵的数量少于自然界晶体结构的种类
   D. 表征晶体结构周期性的空间点阵的数量多于自然界晶体结构的种类

9. 金属在冷变形时要消耗较多的能量，这个能量（　　）。
   A. 全部转化为热
   B. 大部分转化为热，小部分以储存能量的形式保留在金属中
   C. 大部分以储存能形式保留在金属中，小部分转化为热

D. 全部以储存能形式保留在金属中

10. 塑性变形产生的滑移面和滑移方向一般是（   ）。
A. 晶体中原子密度最大的面和原子间距最短方向
B. 晶体中原子密度最大的面和原子间距最长方向
C. 晶体中原子密度最小的面和原子间距最短方向
D. 晶体中原子密度最小的面和原子间距最长方向

11. 不会发生克肯达尔效应的扩散偶是（   ）。
A. Fe 和 Fe-3%C　　　　　　　B. Fe 和 Fe-13%Cr
C. Cu 和 Cu-23%Ni　　　　　　D. Cu 和 Cu-33%Zn

12. 没有扩散过程的转变是（   ）。
A. 钢的氧化　　　　　　　　　B. 渗碳
C. 平衡凝固　　　　　　　　　D. 马氏体相变

13. 关于二元相图，下列说法错误的是（   ）。
A. 相邻相区的相数差为 1
B. 三相平衡区一定是一条水平线
C. 相图中可能存在四相平衡区
D. 相图中两条水平线之间一定是两相区

14. （   ）不存在于低温莱氏体中。
A. 一次渗碳体　　　　　　　　B. 二次渗碳体
C. 共晶渗碳体　　　　　　　　D. 共析渗碳体

15. 非共晶成分的合金在冷却时（   ）。
A. 一定得到共晶组织　　　　　B. 一定得到非共晶组织
C. 可能得到共晶组织　　　　　D. 不可能得到离异共晶组织

16. A、B、C 三个组元形成某三元相图，则（   ）。
A. 若 A-B、B-C 和 A-C 三个二元相图均为共晶，则该三元相图也一定为共晶
B. 若 A-B、B-C 和 A-C 三个二元相图均为共晶，则该三元相图可能为包共晶
C. 若 A-B、B-C 和 A-C 三个二元相图均为包晶，则该三元相图不可能为包共晶
D. 若 A-B、B-C 和 A-C 三个二元相图均为包晶，则该三元相图也一定为包晶

17. 利用三元相图的垂直截面可以（   ）。
A. 利用杠杆定理在两相区计算两个组成相的相对含量
B. 确定所有三相平衡转变的类型
C. 确定所有四相平衡转变的类型
D. 分析某成分合金的平衡冷却过程

18. 相图是材料研究的重要工具，利用相图可以（   ）。
A. 判断材料平衡冷却到室温时的组织
B. 判断材料急速冷却到室温时的组织
C. 判断材料在任意热处理条件下的组织
D. 上述说法都不正确

19. 某三元相图在四相平衡反应后仍有液相剩余，则该四相平衡反应可能是（　　）。
A. 共晶　　　　B. 包晶　　　　C. 共析　　　　D. 包析

20. 能得到非晶态合金的技术是（　　）。
A. 定向凝固　　B. 尖端形核　　C. 急冷凝固　　D. 垂直提拉

21. （　　）可以通过均匀化退火消除。
A. 枝晶偏析　　B. 密度偏析　　C. 正偏析　　　D. 反偏析

22. 合金与纯金属结晶的不同点是（　　）。
A. 需要过冷　　　B. 需要能量起伏
C. 需要成分起伏　D. 需要结构起伏

二、作图题（8分）

1. 画出立方晶体的单位晶胞，并标出晶胞的原点和基矢（a，b，c），然后在晶胞中画出（113）、（$\bar{1}13$）晶面和[11$\bar{3}$]、[1$\bar{1}$3]晶向（每一个晶面单独画在一个晶胞中，不要将不同的晶面画在同一晶胞中）。

2. 画出六方晶体的单位晶胞，并标出晶胞的基矢。然后在晶胞中画出（$\bar{1}2\bar{1}2$）、（$\bar{1}011$）晶面和[11$\bar{2}$1]、[$\bar{1}2\bar{1}0$]晶向。

三、（8分） 请根据下图所示晶体几个晶面的原子排列图绘出其晶体结构图，指出其所属布拉菲点阵类型，并计算其致密度。

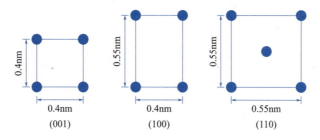

四、（6分） 试述多晶变形与单晶变形的不同之处。

五、(6分) 如图所示为低碳钢拉伸应力-应变曲线。其中，曲线1为软态材料拉伸曲线，曲线2为软态材料拉伸至一定塑性变形（曲线1和2交点处）卸载后短时间内的加载曲线，曲线3为上述拉伸卸载后放置较长时间后的加载曲线。请对三条曲线的特征进行解释，有何差异？为什么会出现这样的差异？

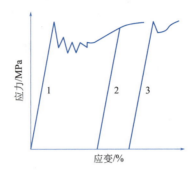

六、(8分) 试分析在面心立方金属中（点阵常数为 a），下列位错反应能否进行，并指出这些位错各属什么类型。反应后生成的新位错能否在滑移面上运动？

$$\frac{a}{2}[101]+\frac{a}{6}[\bar{1}2\bar{1}]\rightarrow\frac{a}{3}[111]$$

七、（8分）简要说明影响固溶度的因素主要有哪些？形成固溶体后材料的力学、物理性能发生了哪些变化？影响固溶强化的因素又有哪些？

八、（6分）什么是织构？和晶体形变、再结晶过程相关的织构有哪些？其形成机理是什么？何种情况下易于发生？

九、（6分）以铝合金为例，设计一套技术方案，从合金熔炼开始，最终目标是获得具有细晶组织的型材，简述依据。

十、(10分) 某二元系由 A、B 两组元组成，根据下列数据绘制概略的 A-B 二元相图。

1. 组元 A 的熔点为 600℃，组元 B 的熔点为 850℃；
2. α 是 B 在 A 中的固溶体，β 是 A 在 B 中的固溶体；
3. 室温下 B 在 α 中的溶解度为 5%（质量分数），A 在 β 中的溶解度为 3%（质量分数）；
4. A 和 B 具有下列恒温反应（式中均为质量分数）：

$$L(30\%B) \xrightleftharpoons{400℃} \alpha(15\%B) + \gamma(45\%B)$$

$$L(70\%B) + \beta(90\%B) \xrightleftharpoons{700℃} \gamma(80\%B)$$

5. 室温下 B 在 γ 中含量在 50%～60%（质量分数）的范围。

十一、(8分) 将一块厚纯铁板装入渗碳箱内加热至 800℃进行渗碳处理，保持渗碳箱内的碳气氛浓度为 5%。试画出渗碳一段时间后铁板的组织示意图（需标明组成相），以及铁板中碳原子的浓度分布示意图。

十二、（10 分）根据 Fe-Fe₃C 相图完成下列问题。

1. 画出 Fe-0.8%C 和 Fe-2.8%C 合金按亚稳态相图平衡冷却过程的热分析曲线；
2. 写出 Fe-2.8%C 合金在室温下的组织组成和相组成，并计算其相对百分含量。

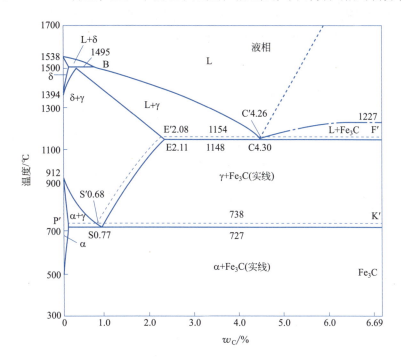

十三、（12 分）根据图中所示的三元相图的综合投影图完成下列问题（假设 A、B、C 三个顶角附近的固溶体分别为 α、β 和 γ）。

1. 写出 A-B、A-C 和 B-C 二元系的三相平衡反应式；
2. 写出发生四相平衡反应的范围，并写出四相平衡反应式；
3. 写出 O_1、O_2 和 O_3 处对应合金平衡冷却过程的热分析曲线。

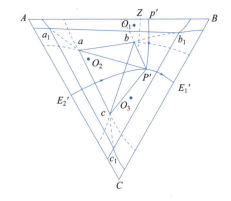

十四、(10分) 根据铝和其他元素形成的二元相图的富铝端相图回答下列问题。
1. 说明铸造铝合金和变形铝合金的分界点，并解释其原因；
2. 解释 F 点左侧合金为不可热处理铝合金的原因；
3. 说明可热处理铝合金的常用热处理工艺，并解释其原因。

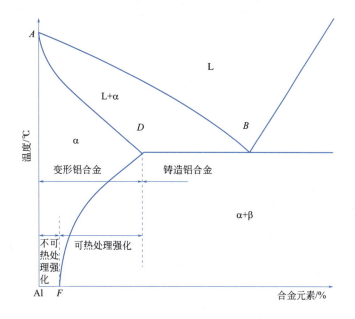

东南大学2017年硕士研究生入学考试试题

一、选择题（单项选择，每题2分，共40分）

1. 与（$\bar{2}31$）、（$3\bar{1}2$）同属一个晶带的有（　　）。
   A.（111）　　B.（$11\bar{1}$）　　C.（112）　　D.（$11\bar{2}$）

2. 体心立方晶体结构的配位数为（　　）。
   A. 4　　B. 6　　C. 8　　D. 12

3. 较大冷塑性变形金属材料经适当的再结晶退火处理后（　　）。
   A. 强度上升　　B. 空位浓度增加　　C. 导电率下降　　D. 晶粒细化

4. 在晶体材料中获得较低位错密度的方法是（　　）。
   A. 大塑性变形　　B. 掺入杂质　　C. 充分退火　　D. 高温急冷

5. 大角度（>30°）晶界的能量（　　）。
   A. 和角度无关，为一定值
   B. 一般和角度无关，但某些特殊位向除外
   C. 和角度有关，大致成正比
   D. 和角度有关，大致成反比

6. 金刚石和铜都是面心立方的单质晶体，（　　）。
   A. 各自晶胞中所有原子位置等同
   B. 两者致密度相同
   C. 每个晶胞内有4个原子
   D. 属同一种布拉菲点阵

7. 在FCC、BCC、HCP三种结构中，形变各向异性最强的是（　　）。
   A. FCC　　B. BCC　　C. HCP　　D. 无差别

8. 理想的密排六方晶体的滑移面是（　　）。
   A. {100}　　B. {110}　　C. {111}　　D. {001}

9. 高纯单质多晶体中的微量溶质原子（　　）。
   A. 有显著的固溶强化作用
   B. 有显著的阻碍晶界迁移作用
   C. 只有小于溶剂原子时才会在晶界偏聚
   D. 只有大于溶剂原子时才会在晶界偏聚

10. 滑移时位错线的运动方向与位错线之间的几何关系是（　　）。
    A. 垂直　　B. 平行　　C. 一般交叉　　D. 与位错性质有关

11. 下列关于扩散激活能的说法正确的是（　　）。
    A. 置换扩散的扩散激活能就是空位扩散的扩散激活能；
    B. 扩散激活能越小，扩散系数越小；
    C. 扩散激活能 Q 就是原子热激活所需要克服的能垒；
    D. 扩散激活能来源于系统的能量起伏。

12. 在 A、B 两组元组成扩散偶中如果发生（　　）。

　　A. 间隙扩散，则没有空位扩散

　　B. 空位扩散，则只有一种原子会发生定向迁移（扩散）

　　C. 点阵平面迁移，一定是置换扩散

　　D. 空位扩散，则一定发生点阵平面迁移

13. 关于 Fe-Fe$_3$C 二元相图，下列说法错误的是（　　）。

　　A. 是平衡相图

　　B. 是稳态相图

　　C. 共晶点是相图中的最低凝固点

　　D. 不是共晶成分的材料也能转变为 100% 共晶组织

14. 对于片状共晶，片间距 λ 是一个重要参数，凝固时（　　）。

　　A. 过冷度越大，凝固速率越高，则 λ 越大，共晶材料的强度越高

　　B. 过冷度越大，凝固速率越高，则 λ 越小，共晶材料的强度越高

　　C. 过冷度越小，凝固速率越低，则 λ 越大，共晶材料的强度越高

　　D. 过冷度越小，凝固速率越低，则 λ 越小，共晶材料的强度越高

15. 在三元系中，有液相参与的四相平衡反应温度之下如果仅有两个三相区，这个三元系是（　　）。

　　A. 共析系　　　B. 包晶系　　　C. 包析系　　　D. 包共晶系

16. 可以判断不同成分区域的室温组织的三元相图是（　　）。

　　A. 垂直截面　　B. 综合投影图　　C. 水平截面　　D. 液相面投影图

17. 在三元系中关于公切面法则的正确理解是（　　）。

　　A. 两相平衡时，各相的自由焓-成分曲面之间只有一个公切面，切点是两相平衡时各相的成分

　　B. 在同一温度下，两相平衡可能在多种成分条件下发生，即两相的自由焓-成分曲面之间可以有多个公切面，切点是两相平衡时各相的成分

　　C. 三相平衡只可能在某一个特定温度下发生，此时各相的自由焓-成分曲面之间只有一个公切面，切点是两相平衡时各相的成分

　　D. 公切面法则不适用于四相平衡

18. 下列关于三元相图的水平截面的作用，错误的是（　　）。

　　A. 可以在连接线上用杠杆定理确定两相区内各相的百分数

　　B. 可以在三相区内用重心法则计算各相的百分数

　　C. 可以确定各个相区发生的反应类型

　　D. 不能确定反应温度

19. 在下列各种情况下凝固，发生疏松的倾向是（　　）。

　　A. k_0 值越小（当 $k_0 < 1$ 时），发生疏松的倾向越大

　　B. k_0 值越大（当 $k_0 < 1$ 时），发生疏松的倾向越大

　　C. k_0 值越小（当 $k_0 > 1$ 时），发生疏松的倾向越大

　　D. $k_e = 1$，发生疏松的倾向越大

20. 关于调幅分解和共析分解的不同点，下列说法正确的是（　　）。

A. 调幅分解无新的相生成，共析分解有新的相生成

B. 调幅分解的过程中没有形核阶段，而共析分解则由生成相的形核与长大两个阶段组成

C. 调幅分解的生成相与母相成分相同，但共析分解的生成相与母相成分不同

D. 调幅分解的两生成相之间有固定的位向关系，共析分解的两生成相无固定的位向关系

二、作图题（8分）

1. 画出立方晶体的单位晶胞，并标出晶胞的原点和基矢（a，b，c），然后在晶胞中画出（$12\bar{2}$）、（$1\bar{2}0$）晶面和 [$12\bar{2}$]、[$1\bar{2}0$] 晶向（晶面和晶向分开画在不同的晶胞中）。

2. 画出六方晶体的单位晶胞，并标出晶胞的基矢。然后在晶胞中画出（$1\bar{2}12$）、（$11\bar{2}0$）晶面和 [$1\bar{2}12$]、[$11\bar{2}0$] 晶向，并将上述晶面和晶向转换为三轴指数形式。

三、(6分) 如果原子为尺寸不变的钢球,那么结构从密排六方转变为体心立方时,体积变化量多大?

四、(8分) 孪晶的特点是什么?形变孪晶和退火孪晶在什么过程中可观察到?它们的形成条件是什么?

五、(8分) 对一个面心立方结构(密排面 {111} 面以 ABCABCABC……方式堆垛),可否通过位错滑移方式将其转变为密排六方结构(密排面 {0001} 面以 ABABAB……方式堆垛)? 如果可以,以何种方式引入什么样的位错?如果不可以,为什么?

六、(8分) 有一面心立方晶体，在 ($11\bar{1}$) 面滑移的柏氏矢量为 $\frac{a}{2}[\bar{1}10]$ 的刃型位错分解成两个肖克莱不全位错，那么：

1. 写出原始刃型位错多余半原子面指数。
2. 写出分解成的两个肖克莱不全位错的柏氏矢量，并给出理由。

七、(10分) 晶粒细化对材料力学性能的影响规律、作用机制是什么样的？并请给出一种获得细晶粒组织的方法。设想如果这个晶粒细化对材料力学性能的影响规律是你通过试验研究获得的，那么可能的试验方案是怎样的？

八、(10分) 氢在金属中扩散较快，因此用金属容器储存氢气会存在渗漏。假设钢瓶内氢压力为 p_0，钢瓶放置于真空中，其壁厚为 h，并且已知氢在该金属中的扩散系数为 D，而氢在钢中的溶解度服从 $C = k\sqrt{p}$，其中 k 为常数，p 为钢瓶与氢气接触处的氢压力。请回答：

1. 列出稳定状态下金属容器中的高压氢通过器壁的扩散方程；
2. 提出减少氢扩散逸失的措施。

九、(12分) 由 A、B 两组元组成二元材料,根据相图可知室温下平衡组织是单相固溶体,且 $k_0 > 1$,请回答:

1. 在非平衡凝固条件下,该二元材料凝固时是否会出现边界层?如果会出现,请画出边界层成分分布的示意图。

2. 对于这个二元材料,凝固过程中液相处于完全混合、部分混合和完全不混合的条件分别是什么?(提示:用有效分配系数表示)

3. 对于这个二元材料,凝固过程中是否可能发生成分过冷?如果可能发生,用示意图表示发生成分过冷的临界条件。

十、(10分) 有一个由 A、B 两组元组成的二元系,试根据下列条件绘制二元相图的草图。

1. 已知 A 的熔点为 1100℃,B 的熔点为 800℃;

2. B 在 A 中的固溶体为 α,其最大的溶解度为 15%,室温下 B 在 A 中的溶解度为 10%;

3. A 在 B 中的固溶体为 β,A 在 B 中的最大的溶解度为 50%,室温下 A 在 B 中的溶解度为 5%;

4. 在 950℃发生三相平衡反应,此时液相成分为 80%B。

十一、（12分）根据 Fe-Fe$_3$C 相图，回答以下问题。

1. 在 Fe-Fe$_3$C 系中有几种类型的渗碳体？分别说出这些渗碳体的形成条件。

2. 画出含碳量为 0.3% 的铁碳合金冷却过程中的热分析曲线示意图，并画出在 730℃ 和 720℃ 下的平衡组织示意图。

3. 计算二次渗碳体的最大含量。

4. 计算含碳量为 3% 的铁碳合金按亚稳态冷却到室温后，组织中共晶渗碳体、铁素体与共析渗碳体的相对量。

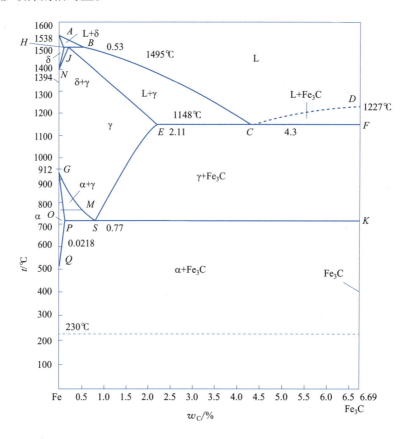

十二、（13分）根据所示的三元相图的投影图，回答以下问题。

1. 该相图中的四相平衡区在什么范围内（用字母表示）？
2. 指出β相（富B的固溶体）单相区的最大成分范围（用字母表示）。
3. 用热分析曲线分析图中 O_1、O_2 和 O_3 三种成分合金的平衡冷却过程。

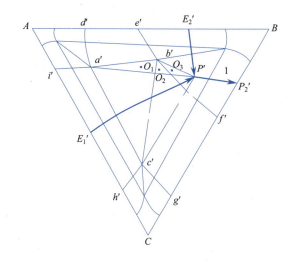

十三、（5分）根据下面所示的 Ag-Cu-Ge 三元相图的液相面投影图，说明 Ge 含量 10%、Ag 含量 50% 的三元 Ag-Cu-Ge 合金在平衡冷却过程中的初生相，以及可能发生的四相平衡反应，并写出反应式。

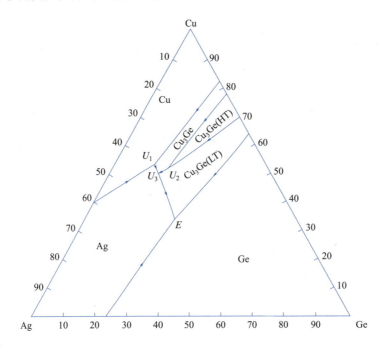

东南大学2018年硕士研究生入学考试试题

参考答案

一、选择题（请在备选答案中选择最合适的一个答案，每题2分，共40分）

1. 在极射赤面投影图中，同属一个晶带的晶面必定可绕投影轴转至（　　）。
   A. 同一纬线　　　　　B. 同一经线　　　　C. 赤道　　　D. 基圆

2. 几何密排结构的配位数为（　　）。
   A. 12　　　　　　　　B. 14　　　　　　　C. 16　　　　D. 20

3. 密排六方晶体结构不是一种布拉菲点阵，这主要是因为它不符合布拉菲点阵要求的（　　）。
   A. 对称性　　　　　　B. 周期性　　　　　C. 体积小　　D. 直角多

4. 小角度晶界的界面能（　　）。
   A. 与角度大小成正比　　　　　　　B. 与角度大小成反比
   C. 与角度无关，由界面性质决定　　D. 与角度无关，与界面性质也不相关

5. 某面心立方结构材料中观察到了退火孪晶，据此我们可以判断（　　）。
   A. 该孪晶由全位错滑移形成　　　　B. 该孪晶由不全位错滑移形成
   C. 该材料具有较低的层错能　　　　D. 该材料具有较高的层错能

6. 对于柏氏矢量相同的单位长度螺型位错和刃型位错，其能量（　　）。
   A. 相同，因为单位长度位错的能量仅与柏氏矢量相关
   B. 刃型位错能量高，因为不仅有切应变，还有正应变
   C. 螺型位错能量高，因为位错线涉及原子更多
   D. 不好判断，因为与所在滑移面相关

7. 面心立方晶体中的弗兰克不全位错（　　）。
   A. 可以是混合位错　　　　　　　B. 只能攀移
   C. 可以是三维曲线　　　　　　　D. 滑移会导致孪晶出现

8. 立方晶体中，[111]方向是其（　　）。
   A. 2次对称轴　　　B. 3次对称轴　　　C. 4次对称轴　D. 6次对称轴

9. 下列结构的金属，在冷变形时最有可能形成形变孪晶和择优取向的是（　　）。
   A. FCC　　　　　　B. BCC　　　　　　C. HCP　　　　D. 无差别

10. 若想通过形变和再结晶的方法获得更细小的晶粒组织，最有可能实现的是（　　）。
    A. 使原始晶粒组织尽量粗大　　　　B. 在临界变形量进行塑性加工

C. 使原始晶粒组织尽量细小 D. 在低于临界变形量下进行塑性加工

11. 在 A、B 两组元组成的置换固溶体中，空位扩散的方向（   ）。
A. 是随机的，与 A 或 B 的扩散系数无关
B. 如果 $D_A > D_B$，与 B 原子的扩散方向相同
C. 仅 A、B 原子扩散，空位不发生扩散
D. 如果 $D_A > D_B$，与 A 原子的扩散方向相同

12. 在某三元相图的四相平衡反应温度之上如果有三个三相区，这个三元系可能是（   ）。
A. 共晶系   B. 包晶系   C. 包析系   D. 包共晶系

13. 能够完整地反映三元相图中所有的单变量线的可能是（   ）。
A. 垂直截面   B. 综合投影图   C. 水平截面   D. 液相面投影图

14. 在三元系中，关于公切面法则的正确理解是（   ）。
A. 两相平衡时，各相的自由焓 - 成分曲线之间只有一个公切面，切点是两相平衡时各相的成分
B. 在同一温度下，两相平衡可能在多种成分条件下发生，即两相的自由焓 - 成分曲面之间可以有多个公切面，切点是两相平衡时各相的成分
C. 三相平衡只可能在某一个特定温度下发生，此时各相的自由焓 - 成分曲面之间只有一个公切面，切点是两相平衡时各相的成分
D. 公切面法则不适用于四相平衡

15. 在描述单相固溶体凝固时有两个重要的参数，即平衡分配系数 k_0 和有效分配系数 k_e，如果 $k_0 < 1$，凝固过程中，液固两相的边界上没有边界层，则（   ）。
A. $k_0 < k_e < 1$ B. $k_e = k_0$ C. $k_e = 1$ D. $k_e > 1$

16. 在脱溶沉淀相变过程中，形核功及临界形核半径与 G_V（驱动力），σ（界面能）及 ω（弹性应变能）有关，下列说法正确的是（   ）。
A. ΔG_V（绝对值）越大，则临界半径和形核功越小
B. σ 越小，则临界半径和临界晶核的体积越大，形核功也越大
C. ω 越小，则临界半径和临界晶核的体积越大，形核功也越大
D. ΔG_V（绝对值）越小，则临界半径和形核功越小

17. 在下列相变类型中，（   ）产生的新相与母相的成分相同但结构不同。
A. 共析相变   B. 马氏体相变   C. 脱溶相变   D. 贝氏体相变

18. 在下列各种情况下凝固，发生疏松的倾向是（   ）。
A. k_0 值越小（当 $k_0 < 1$ 时），疏松倾向越大
B. k_0 值越大（当 $k_0 < 1$ 时），疏松倾向越大
C. k_0 值越小（当 $k_0 > 1$ 时），疏松倾向越大
D. $k_e = 1$ 时，疏松倾向大

19. 下列各种铸造缺陷中，（   ）能通过均匀化退火方法消除。
A. 正常偏析   B. 分散缩孔   C. 胞状偏析   D. 内生夹杂

20. 下列材料强化机制中，（   ）可以通过合理的人工时效处理实现。

A. 细晶强化　　　B. 形变强化　　C. 第二相强化　　　　D. 固溶强化

二、**作图题**（8分）（请将晶面和晶向分开画在不同的晶胞中）

1. 画出立方晶体的单位晶胞，并标出晶胞的基矢，然后在晶胞中画出（$2\bar{2}1$）、（$10\bar{3}$）晶面和［$11\bar{2}$］、［$12\bar{1}$］晶向。

2. 画出六方晶体的单位晶胞，并标出晶胞的基矢，然后在晶胞中画出（$11\bar{2}0$）、（$\bar{1}012$）晶面和［$10\bar{1}0$］、［$\bar{1}2\bar{1}\,3$］晶向。

三、(8分) 下图所示为 TiC 晶体结构示意图,其晶胞点阵常数为 0.4329 nm,请问:

1. TiC 属于何种布拉菲点阵?
2. 计算该晶体的理论密度(Ti 原子量 48,C 原子量 12,阿伏伽德罗常数 6.02×10^{23});
3. 某 TiC 晶体实测密度 4.3g/cm^3,小于上述计算值,试分析可能的原因;
4. 给出全部由 Ti 或 C 原子构成面的晶面指数。

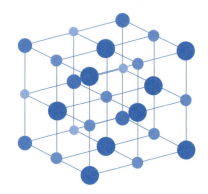

四、(6分) 在冷塑性变形过程中,金属内部的位错密度急剧增加,请描述一种可能的位错增殖机制。

五、(8分) 常温下金属的变形机制主要有哪两种?他们的共同点和差异有哪些?

六、(10分) 在面心立方晶体的(111)和(11$\bar{1}$)面上的$\frac{a}{2}$[1$\bar{1}$0]和$\frac{a}{2}$[011]全位错分解时，其领先位错分别是$\frac{a}{6}$[2$\bar{1}$$\bar{1}$]和$\frac{a}{6}$[$\bar{1}$21]。试问：

1. 写出上述两个全位错的分解反应，并给出可分解的理由；
2. 写出两领先位错相遇时的反应，并分析反应后位错的可动性。

七、(10分) 一纯铝材在经过较大塑性变形后，在200℃进行长时间退火，组织发生回复—再结晶—晶粒长大的过程，组织观察发现，在再结晶晶核长大及完全再结晶后晶粒粗化的过程中都发生了大角度晶界的迁移，问：

1. 试描述在形变和退火期间该铝材强度和塑性的变化规律；
2. 分析这两个过程中晶界迁移的驱动力和迁移方向是否相同？请具体说明并解释原因。

八、(10分) 回答下列扩散问题:

1. 扩散第一定律是否适用于置换扩散问题?为什么?

2. Fe-N 相图如下图所示,如果一块纯铁试样在 650℃下进行表面渗 N,渗 N 后表层 N 含量测定为 20%(原子分数),试问会得到什么样的表层组织?画出组织示意图和浓度分布曲线。

3. 什么是上坡扩散?什么情况下会发生上坡扩散?

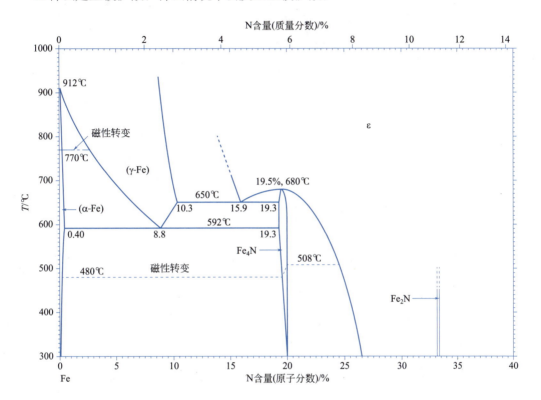

九、(10分) 根据下列条件绘制 A、B 组成的二元相图:

1. A 的熔点为 500℃，B 的熔点为 700℃;

2. 室温下，B 在 A 中形成固溶体 α，B 的溶解度为 5%，A 在 B 中形成固溶体 β，A 的溶解度为 10%;

3. 550℃下发生反应: L(55%B) +β(80%B) ⟶ γ(65%B);

4. 400℃下 B 含量为 20% 的液相发生反应: L⟶α+γ，且生成的两相质量百分数相同;

5. 在室温下中间相 γ 的成分范围为（45% ~ 60%）B。

十、（12分）根据铁碳平衡相图，回答以下问题：

1. 有两个铁碳合金试样，成分分别为 Fe-0.2%C 和 Fe-1.0%C，请用热分析曲线表示这两个试样平衡冷却过程，并画出这两个试样的室温下组织示意图；

2. 计算室温下这两个试样中渗碳体（各种类型渗碳体的总量）所占的百分数；

3. 根据室温下这两个试样的显微组织，判断两种合金硬度是否会有明显差别？并分析其原因。

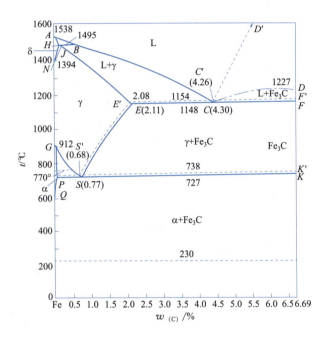

十一、(10分) 回答下列固态相变的有关问题：

1. 指出 Fe-0.4%C 合金和 Al-4%Cu 合金通常分别采用怎样的热处理强化工艺。

2. 两种合金热处理强化时都要经过固溶处理，且 Fe-0.4%C 合金形成间隙固溶体，Al-4%Cu 形成置换固溶体，简述两种强化机理有何不同？

3. 简述调幅分解反应的特征，结合图示，从自由能的角度说明 T_2 温度下，X_0 成分的合金发生调幅分解的原理。

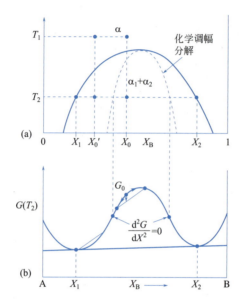

十二、（12 分）根据如图所示的三元相图综合投影图，回答以下问题：

1. 指出此相图中所有的单变量线。
2. 组成此三元系的三个二元系中发生什么样的三相平衡反应？写出反应式。
3. 画出图中用 O 点和 P 点表示成分的材料从液相平衡冷却到室温的热分析曲线示意图。

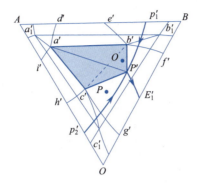

十三、（6分） 如图所示是 Mo 含量为 20% 的 Fe-C-Mo 三元相图的垂直截面，请作出对所标成分（1.6%C）三元合金的平衡冷却过程热分析曲线（不能写反应式的写出相组成）。

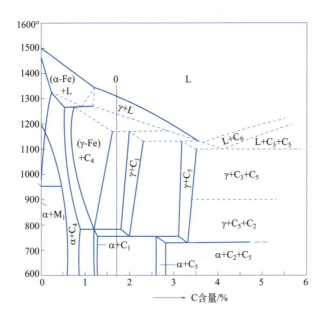

东南大学2019年硕士研究生入学考试试题

一、**选择题**（请在备选答案中选择最合适的一个答案，每题 2 分，共 40 分）

1. 下列属于正方晶系 {123} 的是（　　）。
   A.（$13\bar{2}$）　　　B.（231）　　　C.（$2\bar{1}3$）　　　D.（312）

2. Cu 和 Au 均为面心立方结构，两者可以完全互溶，已知 Cu、Au 摩尔比为 3∶1 时在适当条件下可形成有序化结构，此时 Cu 占据原面心立方结构的面心位置，Au 占据顶点位置，那么该有序结构的布拉菲点阵为（　　）。
   A. 面心立方　　　B. 简单立方　　　C. 体心正方　　　D. 体心立方

3. 底心立方不是布拉菲点阵，首先这是因为（　　）。
   A. 不符合点阵的周期性要求　　　B. 不符合点阵的对称性要求
   C. 不符合立方晶系对称性要求　　　D. 不符合晶胞体积最小原则

4. 共格相界、半共格相界和非共格相界的单位面积界面能 γ 高低排序是（　　）。
   A. γ$_{共格}$ > γ$_{半共格}$ > γ$_{非共格}$　　　B. γ$_{共格}$ > γ$_{非共格}$ > γ$_{半共格}$
   C. γ$_{非共格}$ > γ$_{半共格}$ > γ$_{共格}$　　　D. γ$_{非共格}$ > γ$_{共格}$ > γ$_{半共格}$

5. 某面心立方结构材料中观察到了退火孪晶，据此我们可以判断（　　）。
   A. 该孪晶由全位错滑移形成　　　B. 该孪晶由不全位错滑移形成
   C. 该材料具有较低的层错能　　　D. 该材料具有较高的层错能

6. 对于柏氏矢量相同的单位长度螺型位错和刃型位错，其能量（　　）。
   A. 相同，因为单位长度位错的能量仅与柏氏矢量相关
   B. 刃型位错能量高，因为不仅有切应变，还有正应变
   C. 螺型位错能量高，因为位错线涉及原子更多
   D. 不好判断，因为与所在滑移面相关

7. 面心立方晶体中的弗兰克不全位错（　　）。
   A. 可以是混合位错　　　B. 只能攀移　　　C. 可以是三维曲线　　　D. 可以滑移

8. 冷变形后金属在高温回复过程中，会发生（　　）。
   A. 点缺陷和位错均大量消失　　　B. 点缺陷大量消失，位错重排
   C. 点缺陷少量消失，位错增殖　　　D. 点缺陷和位错均无明显变化

9. 金刚石晶体具有极高的硬度，这是因为（　　）。
   A. 结构致密度高　　B. 碳原子半径小　　C. 共价键结合强　　D. 晶体熔点高

10. 下列材料强化机制中，（　　）可以通过合理的人工时效处理实现。

A. 细晶强化　　　　B. 形变强化　　　　C. 第二相强化　　　　D. 固溶强化

11. 下列过程中，（　　）不考虑原子的扩散。

A. 均匀化退火　　　B. 渗碳　　　　　　C. 马氏体转变　　　　D. 时效

12. 若固体材料中存在大量的空位、位错等缺陷，这些缺陷的存在（　　）。

A. 都会减慢扩散　　　　　　　　　　　B. 都能促进扩散

C. 空位促进扩散，位错阻碍扩散　　　　D. 都不会明显影响扩散

13. 凝固组织中，晶粒尺寸与凝固形核率和长大速率的关系是（　　）。

A. 形核率越大、长大速率越小，晶粒越小

B. 形核率越大、长大速率越小，晶粒越大

C. 形核率越小、长大速率越大，晶粒越小

D. 形核率越小、长大速率越小，晶粒越小

14. 相律可用来确定相平衡时组元数、平衡相数与自由度间的关系。恒压下，根据相律，平衡相图中最多存在三相平衡的是（　　）。

A. 单元系　　　　　B. 二元系　　　　　C. 三元系　　　　　D. 四元系

15. 一般来说，固态相变时（　　）位置最容易形核。

A. 晶内　　　　　　B. 晶界　　　　　　C. 位错　　　　　　D. 空位

16. 利用杠杆定理和重心法则可以计算平衡相的相对量，以下说法错误的是（　　）。

A. 杠杆定理可以在二元相图的任意两相区使用

B. 杠杆定理可以在三元相图水平截面的任意两相区使用

C. 杠杆定理可以在三元相图垂直截面的任意两相区使用

D. 重心法则可以在三元相图水平截面的任意三相区使用

17. 下列凝固后形成树枝晶最明显的是（　　）。

A. 负温度梯度下，具有微观粗糙界面　　B. 负温度梯度下，具有微观光滑界面

C. 正温度梯度下，具有微观粗糙界面　　D. 正温度梯度下，具有微观光滑界面

18. 关于三元相图，下列说法正确的是（　　）。

A. 可以利用液相面投影图分析所有成分合金平衡冷却过程

B. 可以利用垂直截面分析所有成分合金平衡冷却过程

C. 可以利用水平截面分析所有成分合金平衡冷却过程

D. 可以利用综合投影图分析所有成分合金平衡冷却过程

19. （　　）组织不是平衡转变的产物。

A. 珠光体　　　　　B. 马氏体　　　　　C. 莱氏体　　　　　D. 铁素体

20. 关于液态金属中的原子，下列说法正确的是（　　）。

A. 液态金属中的原子运动状态与固态相近

B. 液态金属中的原子结合力与固态相近

C. 液态金属中的原子排列存在短程有序

D. 相对于固态金属，液态金属中的原子排列的无序程度显著降低

134

二、作图题（8分）

画出立方晶体的单位晶胞，并标出晶胞的基矢，然后在晶胞中画出（$12\bar{1}$）、（312）晶面和 [112]、[$1\bar{2}3$] 晶向。画出六方晶体的单位晶胞，并标出晶胞的基矢，然后在晶胞中画出（$10\bar{1}1$）、（$\bar{1}012$）晶面和 [$\bar{2}113$]、[$\bar{3}125$] 晶向。

三、（8分）
按晶体的钢球模型，若球的直径不变，当 Fe 从 FCC 结构转变为 BCC 结构时，其体积膨胀多少？实验在 912℃时经 X 射线衍射方法测定，α-Fe（BCC）的 a = 0.2892nm，γ-Fe（FCC）的 a = 0.3633nm，计算从 γ-Fe 转变为 α-Fe 时，其体积膨胀为多少？试说明产生差别的原因。

四、（8分） 单滑移、复滑移及交滑移各发生在单晶塑性变形的哪个阶段？它们的滑移带形貌有什么特征？试结合图解说明。

五、（6分） 通常金属键构成的晶体密度较大，为什么？而离子键构成的晶体熔点较高，为什么？

六、(8分) 对冷变形后的面心立方金属铝,经侵蚀后常会在金相显微镜下观察到位错露头处的蚀坑分别呈现正三角形、正方形以及矩形等不同形貌特征,试分析其形成原因并给出上述形貌对应的金相观察面的晶面指数。

七、(10分) 面心立方晶体中有一 $\vec{b}=\frac{1}{2}(01\bar{1})$ 的位错,其位错线方向为 $(\bar{2}11)$,若分解成Shockly不全位错,写出可能反应的反应式,并说明该反应成立的理由。

八、(10分) 设计一种方法提高铝合金的强度，要求能体现所学的位错、形变再结晶以及某种强化机制理论。

九、(8分) 给出两种获得金属树枝晶组织的方法，并给出其作用机制。

十、（10分）根据下列条件绘制 A、B 组元组成的二元相图。

1. A 的熔点为 600℃，B 的熔点为 450℃；
2. 室温下，B 在 A 中形成固溶体 α，B 的溶解度为 10%，A 在 B 中形成固溶体 β，A 的溶解度为 5%；
3. 平衡冷却过程中会发生如下转变：

$$L(50\%B)+\alpha(15\%B) \xrightarrow{400℃} \gamma(30\%B), \quad L(70\%B) \xrightarrow{300℃} \gamma(60\%B)+\beta(90\%B)$$

4. 室温下 B 在 γ 中的含量为 45% ~ 55%。

十一、(12分) 根据 Fe-Fe₃C 相图，回答以下问题：

1. 写出相图中的三相平衡转变反应式；
2. 给出合金室温组织中存在一次渗碳体的成分范围；
3. 画出 Fe-0.3%C 和 Fe-3.0%C 合金平衡冷却的热分析曲线，写出两种合金在室温下的相组成，并计算其相对百分含量；
4. 若对纯铁在 800℃下进行渗碳处理，保持渗碳气氛为 5.0%（质量分数）C，试画出渗层组织示意图及 C 浓度分布。

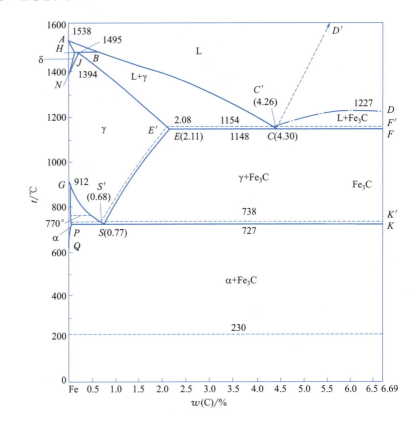

十二、(10分) 根据所示的三元相图综合投影图,回答以下问题:

1. 判断该三元相图的类型,写出四相平衡反应的反应式;
2. 写出三相平衡反应的反应式;
3. 画出图中用 M 和 N 表示成分的材料从液相平衡冷却到室温的热分析曲线示意图。

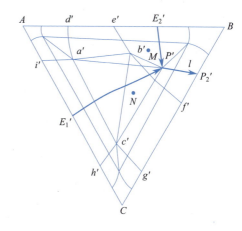

十三、(10分) 什么是扩散中的克肯达尔效应？它说明了置换合金扩散时发生的什么现象？为什么有这种现象发生（可以用图解说明）？若用高碳钢和工业纯铁组成一对扩散偶，是否会发生该效应？为什么？

十四、(10分) 用示意图表示凝固过程的粗糙界面和光滑界面，并给出这两种界面的生长方式。

南京航空航天大学2012年硕士研究生入学考试试题

一、**名词解释**（每题 5 分，总计 25 分）
1. 相　　2. 合金　　3. 间隙化合物　　4. 共缩聚反应　　5. 直线法则

二、**简答题**（每题 5 分，总计 50 分）
1. 在下图中分别画出纯铁的 (011)、($1\bar{1}1$) 晶面和 [011]、[$1\bar{1}1$] 晶向。

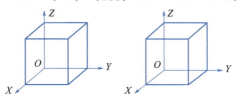

2. 简述再结晶结束后晶粒正常长大的影响因素。

3. 晶粒内部析出第二相的形状与表面能和应变能的关系是什么？

4. 简述单晶体加工硬化机制。

5. 按照硅氧四面体在空间的组合情况，硅酸盐结构可以分成哪几种方式？

6. 简述晶体结构类型对其塑性变形能力和扩散特性的影响。

7. 简述柏氏矢量的物理意义和性质。

8. 简述扩展位错的性质和运动特点。

9. 影响陶瓷晶体塑性变形能力的因素有哪些？

10. 简述工程材料的强化方法和特征。

三、作图、计算题（每题 15 分，共 30 分）

1. 根据下面 Fe-C 相图，回答问题。

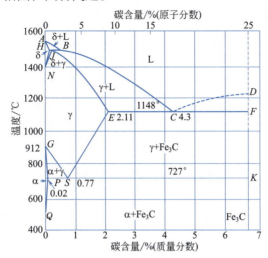

（1）写出 S 点和 C 点的相变类型。

（2）计算 C 含量为 0.45%（质量分数）合金室温下的组织组成物和相组成物的质量分数。

（3）画出 C 含量为 0.9%（质量分数）的冷却曲线和室温组织示意图。

（4）画出 1200℃的 Gibbs 自由能 – 成分曲线。

2. 下图为 A、B、C 液态无限互溶，固态完全不溶的三元合金相图的总投影图，根据投影图回答下列问题。

（1）请说出相图的类型。

（2）画出 e 点合金的冷却曲线，写出其室温相组成。

（3）写出 e-e_2 线、e-C 线上和区域 e-e_2-B 内合金的室温组织组成。

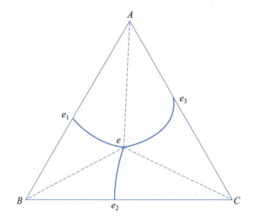

四、联系实际题（每题 15 分，共 45 分）

1. 为改善钛合金的切削加工性能，研制了一种新的加工工艺：渗氢处理＋机械加工＋规定要求。为进一步降低该构件的热处理变形，拟将该合金构件在 700℃ 处理，问处理多少时间在距表面 0.1mm 处将达到上述相同规定要求？并分析氢在钛合金中的扩散能力（设氢在该钛合金中的扩散激活能为 16.62kJ/mol，$D_0=8\times10^{-4}cm^2/s$）。

2. 假如试验得到如下一些高聚物的形变－温度曲线，如下图所示，请问它们各主要适合做什么材料（如塑料、橡胶、纤维等）？为什么？

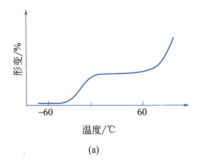

(a)

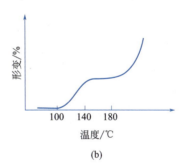

(b)

3. 碳钢线材通常指直径为 5～22mm 的热轧圆钢，其生产流程一般包括连铸坯在加热炉内加热、粗轧、中轧、预精轧和精轧、斯泰尔摩线上控冷和集卷等。由于其表面有一层氧化皮，在线材随后的拉丝过程中易造成钢丝表面缺陷或引起断丝，因此需去除表面这层氧化皮。研究表明，典型碳钢氧化皮由钢基体向外依次为 $Fe_{1-y}O$、Fe_3O_4 和 Fe_2O_3，当冷速较慢（1℃/s）时，在 $Fe/Fe_{1-y}O$ 界面上形成连续的 Fe_3O_4 带，使氧化皮机械剥离很困难。已知某钢厂轧制该线材结束时吐丝温度为 830℃，氧化皮厚度为 3μm，试分析：

（1）通过哪些措施可使线材上的氧化皮易于机械剥离（机械剥离采用弯曲变形法）?

（2）在 $Fe/Fe_{1-y}O$ 界面上合金元素 C、Si 和杂质元素 Cu 的分布情况。

南京航空航天大学2013年硕士研究生入学考试试题

一、**概念辨析题**（说明下列各组概念的异同。每题4分，共20分）

1. 晶体结构与空间点阵　2. 相与组织　3. 共晶转变与共析转变　4. 间隙固溶体与间隙化合物　5. 金属键与共价键

二、简答题（每题 5 分，共 50 分）

1. 固体材料中有几种原子结合键？哪些为一次键？哪些为二次键？

2. 在晶体的宏观对称性中，包含哪 8 种最基本的对称元素？

3. 简述影响大分子链柔性的因素。

4. 为什么说绿宝石结构（其结构式为 $Be_3Al_2[Si_6O_{18}]$）可以成为离子导电的载体？

5. 典型金属的晶体结构有哪些？其间隙分别包含哪些类型？

6. 举例说明点缺陷转化为线缺陷；线缺陷生成点缺陷。

7. 简述实际面心立方晶体中的位错种类、柏氏矢量及其运动特性。

8. 上坡扩散的驱动力是什么？列举两个上坡扩散的例子。

9. 陶瓷材料与金属材料的主要力学性能差异是什么？简述其原因。

10. $D = D_0 \exp[-Q/(RT)]$ 中的 Q 的含义是什么？简述 Q 的测试方法。

三、作图简答题（每题5分，共30分）

1. 标出下图中两个晶面的指数，同时在图上画出 $(1\bar{1}1)$ 晶面和 $[021]$、$[1\bar{1}1]$ 晶向。

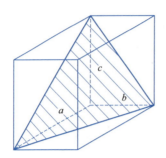 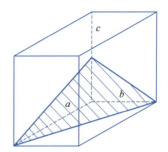

2. 根据下面固态互不溶解的三元共晶相图，作图回答。

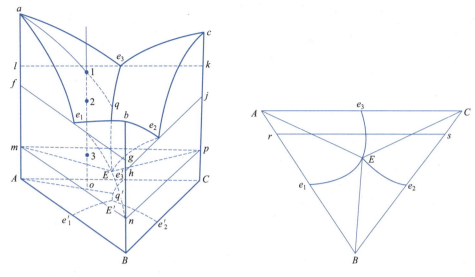

（1）画出总投影图。
（2）画出沿 rs 成分线的垂直截面图，并标出相区。

3. 示意画出弗兰克-瑞德位错增殖过程。

4. 示意画出高、低应变速率下动态再结晶的应力-应变曲线。

5. 纯铁在 950℃渗碳，表面碳浓度达到 0.9%，缓慢冷却后，重新加热到 800℃，继续渗碳，示意画出：
（1）在 800℃长时间渗碳后（碳气氛为 1.5%）的组织分布。
（2）在 800℃长时间渗碳后缓慢冷却至室温的组织分布。

6. 已知某铜单晶试样的两个外表面分别是 (001) 和 (111)。当该晶体在室温下滑移时，示意画出上述两个外表面上的滑移线。

四、计算分析题（共 50 分）

1. 用热力学原理分析金属凝固和均匀形核的必要条件。（10 分）

2. 根据 Fe-C 相图，回答问题。（10分）

（1）画出 Fe-Fe$_3$C 相图，用相组成物填写相图。

（2）分析碳含量为 1.0%（质量分数）的过共析钢的平衡结晶过程，并绘出室温组织示意图。

（3）已知某铁碳合金室温时的相组成物为铁素体和渗碳体，铁素体占 82%，试求该合金的碳含量和组织组成物的相对含量。

3. 有一面心立方单晶体，在(111)面滑移的柏氏矢量为$\frac{a}{2}[10\bar{1}]$的右螺型位错，与在$(1\bar{1}1)$面上滑移的柏氏矢量为$\frac{a}{2}[011]$的另一右螺型位错相遇于此两滑移面交线。问：（15分）

（1）能否进行反应$\frac{a}{2}[10\bar{1}]+\frac{a}{2}[011]\longrightarrow\frac{a}{2}[110]$？为什么？

（2）说明新生成的全位错属哪类位错。该位错能否滑移？为什么？

（3）若沿[010]晶向施加大小为17.2MPa的拉应力，试计算该新生全位错单位长度的受力大小，并说明方向（设晶格常数为a = 0.2nm）。

（4）随着滑移的进行，拉伸试样中上述滑移面会发生什么现象？它对随后进一步的变形有何影响？

4. 为改善某合金的防腐性能，通常需经渗锌处理。工厂里发现一批重要零件有质量问题，经研究需去除渗入的锌后再进行相关加工和处理。开始制订的工艺为该合金构件在827℃真空脱锌1h，其距表面0.08mm处的性能符合规定要求。（15分）

（1）为进一步降低该构件的热处理变形，拟将该合金构件在727℃处理，问处理多少时间在距表面0.16mm处将达到上述相同规定要求？

（2）试比较锌和碳在该合金中的扩散能力（设锌在该合金中的扩散激活能为80kJ/mol）。

南京航空航天大学2014年硕士研究生入学考试试题

一、简答题（共70分，每题5分）

1. 欲确定一成分为18%Cr、18%Ni的不锈钢晶体在室温下的可能结构是FCC还是BCC，由X射线测得此晶体的(111)面间距为0.21nm，已知BCC铁的 a=0.286nm，FCC铁的 a=0.363nm，试问此晶体属何种结构？

2. 晶体结合键与其性能有何关系？

3. C原子可与α-Fe形成间隙固溶体，请问C占据的是八面体间隙还是四面体间隙？为什么？

4. 按照硅氧四面体在空间的组合情况，硅酸盐结构可以分成_____、_____、_____、_____和_____几种方式。硅酸盐晶体就是由一定方式的硅氧结构单元通过其他_____联系起来而形成的。

5. 举例说明在离子晶体中，正、负离子是如何排列的？正离子的配位数主要取决于什么（即鲍林第一规则的实质是什么）？

6. 如何理解高聚物分子量的多分散性？高聚物的平均分子量及分子量分布宽窄对高聚物性能有何影响？

7. 在高聚物大分子链中有哪些热运动单元？这些热运动单元与高聚物宏观性状有何关联？

8. 举例说明点缺陷转化为线缺陷；线缺陷生成点缺陷。

9. 为什么点缺陷在热力学上是稳定的，而位错则是不平衡的晶体缺陷？

10. 上坡扩散的驱动力是什么？列举两个上坡扩散的例子。

11. 根据位错一般理论，论述实际晶体中位错及其运动的特殊性。

12. 简述晶体结构类型对其塑性变形能力和扩散特性的影响。

13. 简述细晶强化的原理以及应用范围。

14. 为什么说两个位错线相互平行的纯螺型和纯刃型位错，它们之间没有相互作用？

二、释图与作图题（共 25 分）

1. 根据下面 Gibbs 自由能曲线绘制相图（$T_1 > T_2 > T_3 > T_4 > T_5$）。（5 分）

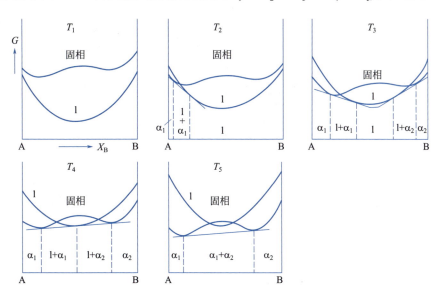

2. 画出合金铸锭（件）的宏观组织并简述组织形成原因。（5分）

3. 如图是金属和陶瓷材料的工程应力-应变曲线，试分析其性能差异。（3分）

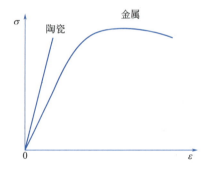

4. 从图中分析回复的特点。(3分)

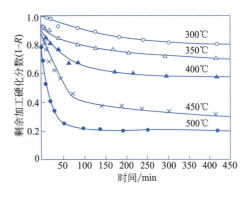

5. 示意画出高、低应变速率下动态再结晶的应力-应变曲线。(3分)

6. 已知某铜单晶试样的两个外表面分别是(001)和(111)。当该晶体在室温下滑移时,示意画出上述两个外表面上的滑移线。(3分)

7. 纯铁在950℃渗碳,表面碳浓度达到0.9%,缓慢冷却后,重新加热到800℃,继续渗碳,示意画出:(3分)
(1)在800℃长时间渗碳后(碳气氛为1.5%)的组织分布;
(2)在800℃长时间渗碳后缓慢冷却至室温的组织分布。

三、计算分析题（共55分）

1. （15分）根据下面 Fe-C 相图，回答问题。
（1）写出 S 点和 C 点的相变类型。
（2）计算 C 含量为 0.45%（质量分数）合金室温下的组织组成物和相组成物质量分数。
（3）画出 C 含量为 0.9%（质量分数）合金的冷却曲线和室温组织示意图。
（4）画出 1200℃的 Gibbs 自由能 – 成分曲线。

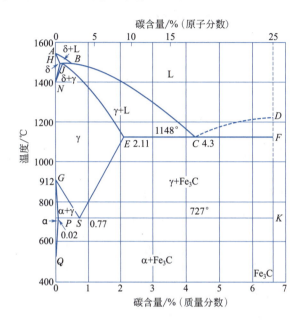

2.（10分）考虑在一个大气压下液态铝的凝固，过冷度 $\Delta T=10℃$，计算：

（1）临界晶核尺寸；

（2）半径为 r^* 的晶核中原子个数；

（3）从液态转变到固态时，单位体积的自由能变化 ΔG_v；

（4）从液态转变到固态时，临界尺寸 r^* 处的自由能的变化 ΔG^*（形核功）。

已知：铝的熔点 $T_m = 993K$，单位体积熔化热 $L_m=1.836×10^9 J/m^3$，固液界面比表面能 $\sigma = 93 mJ/m^2$，原子体积 $V_0 = 1.66×10^{-29} m^3$。

3. Cu-Sn-Zn 三元系相图在 600℃时的部分等温截面如下所示。（10分）

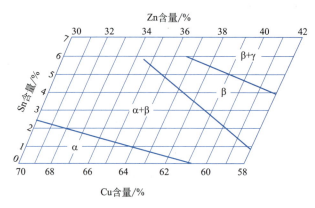

（1）请在此图中标出合金成分点 P 点（Cu-32%Zn-5%Sn）、Q 点（Cu-40%Zn-6%Sn）和 T 点（Cu-33%Zn-1%Sn），并指出这些合金在 600℃时由哪些平衡相组成。

（2）若将 5kgP 合金、5kgQ 合金和 10kgT 合金熔合在一起，则新合金的成分为多少？

4. 某铝单晶体在外加拉伸应力作用下,首先开动的滑移系为$(11\bar{1})[011]$。(10分)

(1) 如果滑移是由纯刃型单位位错引起的,试指出位错线的方向、滑移时位错线运动的方向以及晶体运动方向。

(2) 假定拉伸轴方向为[001],$\sigma=10^6$Pa,求在上述滑移面上该刃型位错所受力的大小和方向(已知Al的点阵常数$a=0.4049$nm)。

(3) 随着滑移的进行,拉伸试样中$(11\bar{1})$面会发生什么现象?它对随后的进一步变形有何影响?

5. 已知在1227℃下，Al在Al_2O_3中的扩散常数$D_0(Al)=2.8\times10^{-3} m^2/s$，扩散激活能为477kJ/mol，而O在$Al_2O_3$中的扩散常数$D_0(O)=0.19 m^2/s$，扩散激活能为636kJ/mol。（10分）

（1）分别计算二者在该温度下的扩散系数。

（2）说明它们扩散系数不同的原因。

（3）试分析纯铝在该温度下氧化的扩散过程；提出在该温度下加速氧化过程的方法。

南京航空航天大学2015年硕士研究生入学考试试题

一、（15分）下图为FCC点阵Cu晶体X射线衍射图，图中三条峰对应的2θ值分别为43.297°、50.433°、74.130°。已知Cu的晶格常数为3.615 Å；布拉格公式：$2d\sin\theta=\lambda$，其中波长λ=1.5406 Å，d为晶面间距。

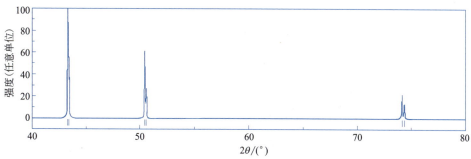

1. 三条峰对应的晶面分别是什么？请写出具体计算分析步骤。
2. 画出其他两种具有FCC点阵的典型晶体结构（FCC结构纯金属除外），并指出其结构基元。

二、（15分）超细晶粒的制备已成为提高材料强韧性的主要手段之一。通过凝固的快冷（即增加过冷度）是获得细晶铸件的重要方法。已知 T_m=1356K，L_m=1628×10⁶J/m³，σ=177×10⁻³J/m²。

1. 试求欲在均匀形核条件下获得半径为 2nm 晶粒所需的过冷度。
2. 试写出其他两种可能获得细晶的方法，并说出其理由。

三、(15分) 根据 A-B 二元相图（下图）：

1. 写出图中的液相线、固相线、α 和 β 相的溶解度曲线、所有两相区及三相恒温转变线。

2. 平衡凝固时，计算 A-25%（质量分数）合金（yy' 线）凝固后初晶 β 相在铸锭中的相对量。

3. 画出上述合金的冷却曲线及室温组织示意图。

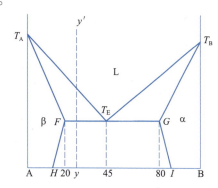

四、(10分) 下图所示的含 Pb 为 15% 的 Sn-Sb-Pb 三元相图的垂直截面中，温度为 200℃的水平线上发生什么样的平衡反应？写出反应式。在水平线的上方和下方各有几个三相区？写出每个三相区的组成相。

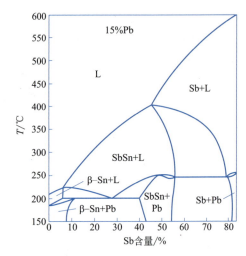

五、(20分) 根据材料的原子键合方式及结构特点回答下述问题。

1. 高分子涂料在配制时一般采用分子量较低的化合物，涂覆完成后再进行固化处理，这样做的理由是什么？

2. 硅酸盐晶体的断裂一般为脆性断裂，为什么？

六、(12分)

1. 柏氏矢量为 $\dfrac{a}{2}[110]$ 的全位错可以在面心立方晶体的哪些 {111} 面上存在？若分解为 Shockley 分位错，试分别写出位错反应式。

2. 已知点阵常数 $a=0.3$ nm，切变模量 $G=7\times10^{10}$ Pa，层错能 $\gamma=0.01$ J/m^2，求扩展位错的宽度。

3. 层错能的高低对层错的形成、扩展位错的宽度和扩展位错运动有何影响？层错能对金属材料冷、热加工行为的影响如何？

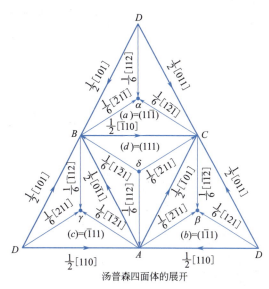

汤普森四面体的展开

七、(12分) 由于钼丝的强度和韧性都比较好，不易断丝，价格低廉，被广泛用于快走丝电火花线切割领域，钼丝的常用直径为 ϕ0.20～0.25mm。现有 ϕ5mm 的纯钼圆棒需最终加工至 ϕ0.25mm 钼丝，为保证质量，此钼材的冷加工量不能超过60%（断面收缩率）。

1. 需经过多少道次的冷加工才能获得合格尺寸的产品？
2. 已知钼的熔点为2625℃，请制订合理的热处理温度和工艺。
3. 若上述从 ϕ5mm 的纯钼圆棒加工至 ϕ0.25mm 钼丝为连续化生产过程，加热炉如何布置？确定炉膛有效加热尺寸时需考虑哪些因素？

八、(20分) 已知在1227℃下，Al离子在Al_2O_3中的扩散系数$D_0=2.8\times10^{-3}m^2/s$，扩散激活能为477kJ/mol，而O离子在$Al_2O_3$中的扩散系数$D_0=0.19m^2/s$，扩散激活能为636kJ/mol。

1. 分别计算二者在该温度下的扩散系数，说明它们扩散系数不同的原因（已知Al离子半径小于O离子半径）。

2. 为降低试样变形，将温度降低至627℃，并采用等离子氧化的方法，试分析纯铝试样在该温度下氧化的扩散过程。

3. 若试样为10mm厚的纯铁，其表面有一层结合优良的200μm厚的纯铝层，试分析在627℃等离子氧化3h过程中试样表层可能产生的物质，以及靠近表层的纯铁中可能产生的相及顺序。

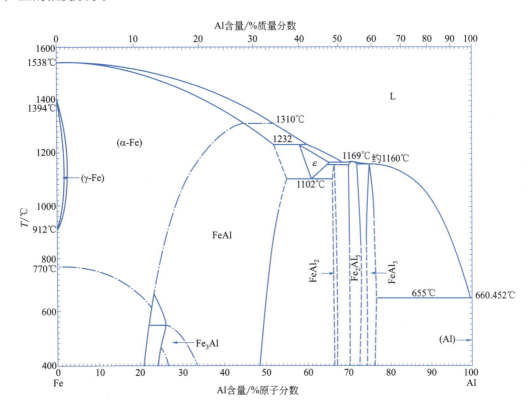

九、(16分) 铝合金由于其密度低、比强度高、耐腐蚀等优异性能，是航空、航天等领域使用的重要结构材料。试根据图中铝合金分类分析以下问题。

1. 变形铝合金的强化方法。
2. 某变形铝合金在520℃固溶处理30min后迅速冷却到室温，获得单一的过饱和固溶体。然后在165℃时效处理20h，试分析其强化机理。
3. 试从晶体缺陷和扩散理论分析时效温度的高低对其第二相析出和材料力学性能的影响。

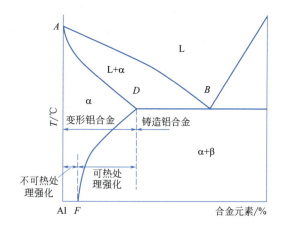

十、(15分) 论述晶界对工程材料力学性能、扩散特性、新相生成以及高温性能的影响。

南京航空航天大学2016年硕士研究生入学考试试题

一、（20分）试分析H、N、C、B在α-Fe和γ-Fe中形成固溶体的类型、存在位置和固溶度（摩尔分数）。已知各元素的原子半径如下：H为0.046nm，N为0.071nm，C为0.077nm，B为0.091nm，α-Fe为0.124nm，γ-Fe为0.126 nm。

二、（20分）设想液体在凝固时形成的临界晶核是边长为 a 的立方体形状，已知液-固界面能为 σ，固、液相之间的体积自由能差为 ΔG_B，推导出均匀形核时的临界晶核边长 a^* 和临界形核功 ΔG^*。

三、(20分) 图(a)、(b)、(c)分别为3个不同成分(设为0.45%C、3.4%C、4.7%C)的铁碳合金缓冷凝固组织。它们各是哪个成分的合金?为什么?分析图(c)组织的凝固过程,并计算合金中白色长条状组织的相对质量。

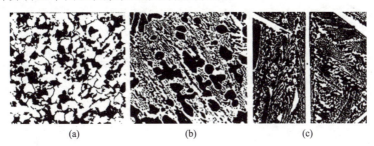

(a)　　　　　　　(b)　　　　　　　(c)

四、(15分) 在下图的浓度三角形中：

(1) 写出点 P、R、S 的成分；

(2) 设有 2kg P，4kg R，2kg S，求它们混熔后的液体成分点 X；

(3) 定出 $w_C = 0.08$，A、B 组元浓度之比与 S 相同的合金成分点 Y；

(4) 若有 2kg P，问需要多少、何种成分的合金 Z 才能混熔得到 6kg 成分 R 的合金。

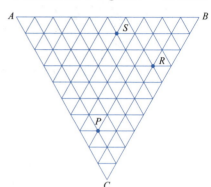

五、（15分）在铝单晶体中沿 [201] 方向作用一拉应力。
（1）写出($1\bar{1}1$)晶面上所有的滑移系，哪个滑移系最先开动？
（2）如果外加拉应力是 20MPa，问这时滑移系上产生的分切应力是多少？
（3）写出开动滑移系上全位错的柏氏矢量，并求出作用在该位错上力的大小和方向（已知 Al 的点阵常数 a=0.4049nm）。

六、(15分) 一块 C 含量为 0.1%（质量分数）的碳钢在 930℃渗碳，在距表面 0.05cm 处 C 含量达到 0.45%。在 $t>0$ 的全部时间，渗碳气氛保持表面成分为 1%，已知 $D_0=2.0\times10^{-5}$，碳在 FCC 铁中的扩散激活能为 $Q=140000\text{J/mol}$，求：

（1）所需要的渗碳时间；

（2）若将渗碳层加厚 1 倍，则需多少时间；

（3）若规定 C 含量为 0.3% 作为渗碳层厚度的度量，则在 930℃时渗碳 10h 的渗层厚度为 870℃时渗碳 10h 的多少倍？

[已知 erf(0.61)=0.611，erf(0.62)=0.619，erf(0.63)=0.627，erf(0.64)=0.635]

七、(15分) 钛的熔点为1668℃，密度为4.5g/cm³，其抗拉强度为270～630MPa，而传统钛合金的抗拉强度为686～1176MPa，甚至高达1764MPa。钛合金在高温（240～315℃）情况下比铝合金具有更高的比强度，同时兼备更好的耐蚀性和抗疲劳性能，成为高速飞行器和大型飞机的最佳结构材料。钛合金是一种难变形合金，过去多采用蠕变加工法制造复杂形状的零件，变形过程需要1h以上。利用其50%～150%的超塑性，8min就可以完成类似复杂形状零件的成形。许多国家的飞机上都使用了超塑性成形的钛合金件。

（1）为什么形状较为复杂的钛合金零件很难在室温下冷成形，通常都需要温热成形？

（2）何谓超塑性？其产生的条件是什么？

八、（30分） 试论述细晶强化为什么在提高金属材料强度的同时还能改善其塑性和韧性？为什么细晶强化不能用于提高金属材料的高温强度？根据已学习的材料科学基础理论，提出改善金属材料高温强度的措施并解释其机理。

南京航空航天大学2017年硕士研究生入学考试试题

一、（30分）晶体结构分析计算。

（1）纯铁在912℃由BCC结构转变为FCC结构，体积减小1.06%，根据FCC结构的原子半径r_f计算BCC结构的原子半径r_b，它们的相对变化是多少？

（2）测得Au摩尔分数为40%的Cu-Au固溶体点阵常数a=0.3795nm，密度ρ=14.213g/cm³，计算说明它是什么类型的固溶体。已知Cu的原子量为63.55，Au的原子量为169.97，阿伏伽德罗常数为6.0238×10²³。

（3）已知K离子半径为r_{K^+}=0.233nm，Cl离子半径为r_{Cl^-}=0.181nm，试确定KCl晶体的结构并画图示意。

二、(15分) 计算分析纯铜的结晶。

(1) 计算均匀形核的临界晶核半径和晶核原子数。已知纯铜的熔点为1085℃，熔化潜热 ΔH_f=1628J/cm³，液固界面能 σ_{sl}=177×10⁻⁷J/cm²，过冷度 ΔT=236℃，晶格常数 a_0=0.3615nm。

(2) 欲提高凝固后组织的晶粒度级别，可采取哪些工艺措施？

三、(30分) 相图计算分析题。

(1) 根据 Fe-C 相图计算 $w(C)=0.1\%$ 以及 $w(C)=1.2\%$ 的铁碳合金在室温时平衡状态下相的相对量，计算共析体（珠光体）的相对量。计算 $w(C)=3.4\%$ 的铁碳合金在室温平衡状态下相的相对量，计算刚凝固完毕时初生 γ 相（奥氏体）和共晶体的相对量。

(2) 请参考 V-Cr-C 三元系的液相面投影图，列出所有的四相反应的反应式。图中各相线上的箭头是指示降温方向。

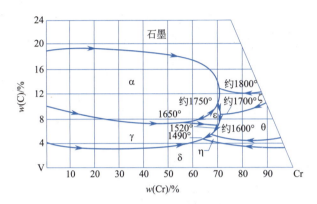

V-Cr-C 三元系的液相面投影图

四、(15分) 计算简答题。

(1) 扩散第一定律是否适用于置换固溶体扩散问题？为什么？

(2) 如图所示 Fe-N 相图，如果一块纯铁试样在 650℃ 下进行表面渗 N，并测定渗 N 后表层 N 含量为 20%（原子分数），问会得到什么样的表层组织？画出试样表面至心部的组织示意图和浓度分布曲线。

(3) 举一实例说明什么是上坡扩散。发生上坡扩散的驱动力是什么？

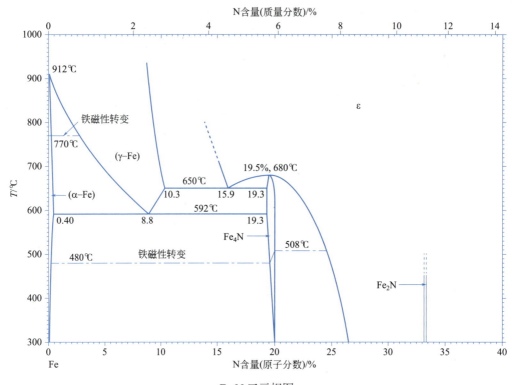

Fe-N 二元相图

五、(20分) 单晶体的拉伸应力-应变曲线呈现出三个不同阶段,如图 (a) 所示;三种常见结构纯金属单晶体在处于软取向时的应力-应变曲线如图 (b) 所示。

(1) 简述图 (a) 三个阶段的各自特征并解释其机制。

(2) 试解释为什么与 Cu 和 Nb 相比,纯 Mg 在软取向时曲线的第一阶段很长且几乎没有第二阶段。

(3) 若要将厚度为 1.8mm 的镁板冷轧成 0.9mm,问需要经过多少次轧制才能实现?确定相应的热处理温度和工艺。已知镁的熔点为 648.8 ℃,伸长率为 8%,断面收缩率为 9%。

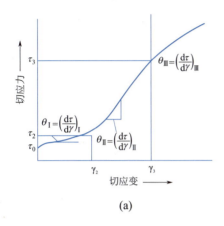

(a)

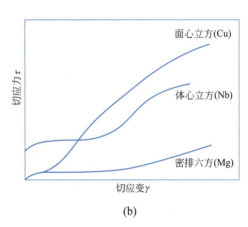

(b)

六、(20分) 有一 BCC 晶体的 ($1\bar{1}0$)[111] 滑移系的临界分切力为 60MPa，其点阵常数 a=0.2866nm。

(1) 试问在 [001] 和 [010] 方向必须施加多大的应力才会产生滑移？

(2) 若上述滑移的位错其位错线是 ($1\bar{1}0$) 和 (110) 的交线，求作用在该位错线上力的大小和方向。

(3) 随着滑移的进行，该拉伸试样中会发生什么现象？它对随后的进一步变形有何影响？

七、(20分) 发动机涡轮叶片承受着复杂的交变载荷和很高的环境温度,不允许变形、腐蚀、开裂和破断。铸造高温合金从20世纪60年代至今经历了由等轴晶走向定向凝固柱状晶直至单晶的三个过程。图示是这三种航空发动机涡轮叶片的宏观照片和显微组织情况。与普通铸造的等轴晶叶片相比,定向凝固柱状晶组织更耐高温腐蚀,可使工作温度提高约50℃,疲劳寿命提高数倍以上。目前最先进的航空涡轮发动机已开始采用单晶叶片,其工作温度已超过1000℃。

(1)基于抗蠕变和持久强度的要求,试提出改善发动机涡轮叶片用等轴晶高温合金高温强度的措施,并解释其机理。

(2)试分析镍基高温合金铸造叶片从等轴晶发展到定向凝固柱状晶再发展至单晶的材料科学原理。

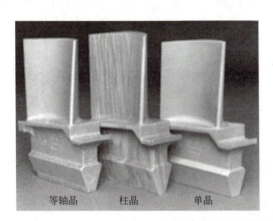 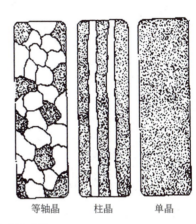

铸造镍基高温合金发动机叶片

南京航空航天大学2018年硕士研究生入学考试试题

一、简答题（每小题10分，共30分）

1. 镍为面心立方结构，其原子半径为0.1246nm，确定在镍的（100）、（110）及（111）平面上1mm²中各有多少个原子。

2. 为什么说绿宝石结构（其结构式为$Be_3Al_2[Si_6O_{18}]$）可以成为离子导电的载体。

3. 说明常见高聚物分子链的键接方式及其对聚合物性能的影响。

二、(15分) 已知液态纯镍在 1.1013×10^5Pa（1个大气压）、过冷度为319℃时发生均匀形核。设临界晶核半径为 1nm，纯镍的熔点为 1726K，熔化热 ΔH_m=18075J/mol，摩尔体积 V_x=6.6cm³/mol，计算：

（1）纯镍的液-固界面能和临界形核功；

（2）若要在 1726K 发生均匀形核，需将大气压增加到多少？已知凝固时体积变化 ΔV=-0.26cm³/mol（1J=9.87×10⁵ cm³·Pa）。

三、(20分) 关于 Fe-C 相图，回答问题。

（1）画出 Fe-C 相图。

（2）画出 C 含量为 0.4%（质量分数）合金室温平衡组织示意图，并标出组织组成物。

（3）指出 C 含量为 0.77%（质量分数）合金从高温液态平衡冷却到室温要经过哪些转变？

（4）根据杠杆定律分别计算 C 含量为 0.4%（质量分数）合金在室温下的组织组成物与相组成物的相对百分含量。

四、(10分) 已知 A、B、C 三组元固态完全不互溶，成分为 80%A、10%B、10%C 的 O 合金在冷却过程中将进行二元共晶反应和三元共晶反应，在二元共晶反应开始时，该合金液相成分（a 点）为 60%A、20%B、20%C，而三元共晶反应开始时的液相成分（E 点）为 50%A、10%B、40%C。

（1）试计算 $A_{初}$%、$(A+B)$% 和 $(A+B+C)$% 的相对量。

（2）写出图中 I 点和 P 点合金的室温平衡组织。

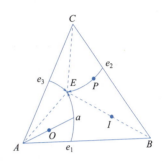

五、(25分) 有一BCC晶体的($1\bar{1}0$)[111]滑移系的临界分切力为60MPa,试问在[001]和[010]方向必须施加多少的应力才会产生滑移?随着滑移的进行,拉伸试样中该滑移面会发生什么现象?它对随后的进一步变形有何影响?对于一般工程用金属材料,试分析冷塑性变形对其组织结构、力学性能、物理化学性能和体系能量的影响。

六、(15分) 为改善钛合金的切削加工性能,研制了一种新的加工工艺:渗氢处理+机械加工+脱氢处理。已知某钛合金构件在800℃真空脱氢1h其距表面0.05mm处的性能符合规定要求。为进一步降低该构件的热处理变形,拟将该合金构件在700℃处理,问处理多少时间在距表面0.1mm处将达到上述相同规定要求?计算氢原子在700℃和800℃的扩散系数,并分析氢在钛合金中的扩散能力(设氢在该钛合金的扩散激活能为16.62kJ/mol,$D_0=8\times10^{-4}\text{cm}^2/\text{s}$)。

七、(15分) 高速电气化铁道用铜锡合金接触线悬挂于铁路上方,通过与受电弓滑板接触摩擦直接向电力列车送电。该铜锡合金(Sn 0.15%~0.45%,Zr 0.01%~0.05%,Ni 0.02%~0.03%,Ti 0.005%~0.01%,余为Cu)接触线是在张应力状态下工作,要求具有高强度和高电导率,且要控制其中的氧含量(一般需低于0.003%)。日本和法国等国家主要采用连铸连轧工艺生产该合金接触线,而国内某企业采用"上引提拉铸造+连续冷挤压+冷拉"工艺生产。

(1)该铜锡合金其添加的合金元素总含量控制在≤0.2%~0.5%是出于何种考虑?

(2)试分析该国内企业的生产工艺有哪些优点?为什么?

(3)经冷拉拔后的铜锡合金丝并不能直接使用,还需经过一定的热处理,试分析其作用。

八、(20分) 航空发动机涡轮叶片由于处于温度最高、应力最复杂、环境最恶劣的部位而被列为第一关键件。涡轮叶片的性能水平，特别是承温能力，成为一种型号发动机先进程度的重要标志。随着推重比的不断提高，对高温合金的持久强度、蠕变强度、高温下的裂纹扩展速率和断裂韧性提出了更高的要求。

（1）试用晶体缺陷理论解释材料蠕变变形的微观机理。

（2）提出改善发动机涡轮叶片用高温合金高温强度的措施并解释其原理。

南京航空航天大学2019年硕士研究生入学考试试题

一、简答题（每小题10分，共30分）

1. 已知Cu的原子量为63.546，晶格常数为0.3607nm，阿伏伽德罗常数$N_A=6.022\times10^{23}$，试计算Cu的密度。Cu是否为密排结构？计算其致密度。

2. 高分子涂料在配制时一般采用分子量较低的化合物，涂覆完成后再进行固化处理，试从高分子结构理论分析这样做的理由是什么？

3. 钙钛矿太阳能电池具有较高的太阳能转化率而引起重视。试写出钙钛矿结构分子式，画出晶体结构并分析其结构特点。

二、(15分) 考虑在一个大气压下液态铝的凝固,过冷度 $\Delta T=10°C$,计算:

1. 临界晶核尺寸;
2. 半径为 r^* 的晶核中原子个数;
3. 从液态转变到固态时,单位体积的自由能变化 ΔG_v;
4. 从液态转变到固态时,临界尺寸 r^* 处的自由能的变化 ΔG^*(形核功)。

已知:铝的熔点 $T_m=993K$,单位体积熔化热 $L_m=1.836\times10^9 J/m^3$,固液界面比表面能 $\sigma=93 mJ/m^2$,原子体积 $V_0=1.66\times10^{-29} m^3$。

三、(15分) 某厂新进一批 Fe-C 合金材料,经检验,该材料 C 含量为 0.45%(质量分数),金相组织如下图所示。

1. 该材料室温为什么组织?由哪些相组成?
2. 计算室温各相所占百分比、组织百分比。
3. 画出该成分合金冷却曲线,标注反应温度和反应类型。

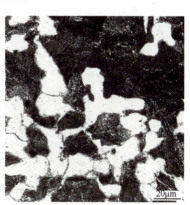

四、(15分) 下图为 Fe-Cr-C 三元合金液相投影图,请写出 A、B、C 点的四相反应和①~⑦线的三相反应。

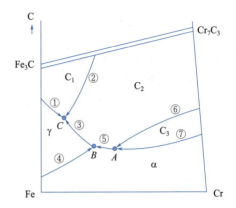

五、（15分）C 含量为 0.1%（质量分数）的低碳钢工件，置于 C 含量为 1.2%（质量分数）的渗碳气氛中，在 920℃下进行渗碳。若要求在离工件表面 0.8mm 处含碳的质量分数为 0.45%，问：

1. 需要多少渗碳时间？

2. 画出渗碳结束前和渗碳结束后缓慢冷却至室温这两种情况下试样表层至心部平衡组织示意图。

3. 870℃渗碳需要多少时间才能获得与 920℃渗碳 10h 相同的渗层厚度？（忽略不同温度下碳在奥氏体铁中的溶解度差别）

[已知：碳在 γ-Fe 中 920℃时的扩散激活能为 134000J/mol，D_0 =0.23cm²/s；erf(0.71)=0.684，erf(0.72)=0.691，erf(0.73)=0.698]

六、(15分) 由于钼丝的强度和韧性都比较好,不易断丝,价格低廉,被广泛用于快走丝电火花线切割领域,钼丝的常用直径为 0.20～0.25mm。现有直径 5mm 的纯钼圆棒需最终加工至直径 0.25mm 钼丝,为保证质量,此钼材的冷加工量不能超过 60%(断面收缩率)。

1. 需经过多少道次的冷加工才能获得合格尺寸的产品?
2. 已知钼的熔点为 2625℃,请制订合理的热处理温度和工艺。
3. 若上述从直径 5mm 的纯钼圆棒加工至直径 0.25mm 钼丝为连续化生产过程,加热炉如何布置?确定炉膛有效加热尺寸时需考虑哪些因素?

七、(20 分) 某铝单晶体在外加拉伸应力作用下，首先开动的滑移系为 $(11\bar{1})[011]$，

1. 如果滑移是由纯螺型单位位错引起的，试指出位错线的方向、滑移时位错线运动的方向以及晶体运动方向。

2. 假定拉伸轴方向为 [001]，$\sigma = 10^6$ Pa，求在上述滑移面上该刃型位错所受力的大小和方向（已知 Al 的点阵常数 $a = 0.4049$ nm）。

3. 若该位错分解为两个肖克莱不全位错，写出该位错反应的反应式。若分解后的不全位错在滑移时受阻，可通过怎样的方式交滑移到其他滑移面上继续滑移？给出交滑移后的滑移面晶面指数。

八、(25分)
1. 简述金属材料的屈服强度与晶粒尺寸之间的关系。
2. 为什么细晶强化既能提高金属材料的强度硬度又能改善其塑性韧性？
3. 为什么细晶强化不能用于提高金属材料的高温强度？根据已学习的材料科学基础理论，提出改善金属材料高温强度的措施（不少于三项）并解释其机理。

江苏大学2012年硕士研究生入学考试试题

一、**名词解释**（每题3分，共24分）
1. 间隙相 2. 不平衡共晶 3. 自扩散 4. 动态再结晶 5. 二次再结晶 6. 动态过冷度 7. 科氏气团 8. 扩展位错

二、（10分）什么是单系滑移、复滑移、交滑移？三者滑移线的形貌各有何特征？

三、(15分) 比较 α-Fe、Ni、Mg 在室温下均匀拉伸时的塑性，并说明原因。

四、纯铁在 950℃渗碳，表面碳浓度达到 0.9%，缓慢冷却后，重新加热到 800℃继续渗碳，试回答：

1.（6分）刚到 800℃时工件表面到心部的组织分布区域。

2.（8分）在 800℃长时间渗碳后（碳气氛为 1.5%）的组织分布区域，并解释组织形成的原因。

3.（6分）在 800℃长时间渗碳后缓慢冷却至室温的组织分布区域。

五、(15分) 简述固溶体和化合物在成分、结构和性能方面的差异。

六、 下图为两个纯螺型位错，其中之一含有一对扭折，另一个含有一对割阶，图中的箭头方向为位错线的正方向。

1.（5分）试表明何者为扭折？何者为割阶？其柏氏矢量方向如何？说明原因。

2.（5分）假定图示滑移面为面心立方晶体的（111）面，试分析这两对位错线段中，哪一对比较容易通过其自身的滑移而消失？

3.（10分）说明含有割阶的螺型位错在滑移时会怎样运动。

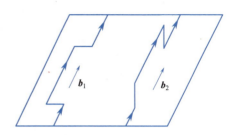

七、（16分）下图是三元匀晶相图合金O在某一温度下的水平截面图。T_A、T_B、T_C分别表示A、B、C组元的熔点，如果$T_C > T_B > T_A$，问 hok 与 lom 哪一个应该是连接线？为什么？

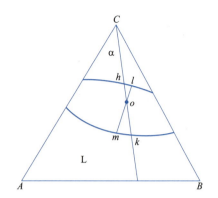

八、 Al-Cu 合金相图如下图所示，设分配系数 K 和液相线斜率均为常数，Al-10%Cu（质量分数）合金铸件以平面界面正常凝固。

1.（8分）分别图示出液体有强烈对流以及液体中无对流时铸件成分沿长度方向上的分布。

2.（10分）上述两个铸件中共晶分数各为多少？

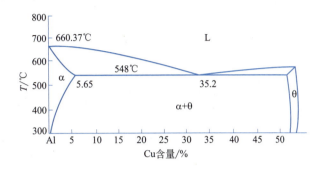

九、（12分） 简要说明金属在回复、再结晶及晶粒长大各阶段的驱动力、显微组织和力学性能。

江苏大学2013年硕士研究生入学考试试题

一、名词解释（每题3分，共24分）

1. 全位错 2. 形变织构 3. 伪共晶 4. 退火孪晶 5. 单变量线 6. 反应扩散
7. 配位数 8. 交滑移

二、（10分）纯金属凝固时，为什么说"过冷是结晶的必要条件"？

三、(8分) 画出下列物质的一个晶胞：
1. 金刚石 2. 闪锌矿

四、(20分) 从 (a)、(b)、(c) 三张铁碳合金平衡组织图中确定其大致的碳含量（说明理由），并计算二次渗碳体的最大含量。

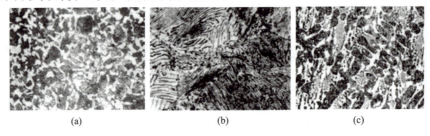

(a)　　　　　　　　　(b)　　　　　　　　　(c)

五、(12分) 可不可以说扩散定律实际上只有一个,而不是两个,为什么?

六、(18分) 试说明在拉伸变形时,金属晶体为什么会产生转动?其转动规律是什么?

七、(20分) 铜具有电导率高和耐蚀性好等优点,是工业上常用的一种金属材料,但是纯铜的强度较低,常难以满足要求,根据你所掌握的知识,提出几种强化铜合金的方法,并说明其强化机制。

八、(16分) 在α-Fe中可以通过 $a/2[11\bar{1}]+a/2[1\bar{1}1] \longrightarrow a[100]$ 反应形成[100]位错,在α-Fe的晶胞中表示这一反应,并证明此位错反应可以发生。

九、(10分) 某工厂对一大型模具进行淬火处理,模具经过1150℃加热后,用冷拉钢丝绳吊挂,由起重吊车送往淬火槽,行至途中钢丝突然断裂。该钢丝是合格的新钢丝,分析该钢丝断裂的原因。

十、(12分) 根据下面的 A-B-C 三元共晶投影图:
1. 分析合金 O 的结晶过程。
2. 画出 Bb 垂直截面图。

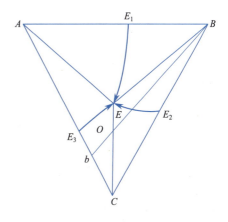

江苏大学2014年硕士研究生入学考试试题

一、名词解释（每题3分，共24分）
1. 上坡扩散 2. 肖脱基空位 3. 金属键 4. 成分过冷 5. 动态再结晶 6. 面角位错
7. 回复 8. 均匀形核

二、（10分）分析界面结构和温度梯度对晶体生长形态的影响。

三、针对 FCC、BCC 和 HCP 晶胞：

1.（6分）分别在晶胞图上画出任一个四面体间隙的位置。

2.（6分）计算每种晶胞中四面体间隙数量。

四、下图是平衡态下碳含量对碳钢力学性能的影响。

1.（12分）分析图中强度、硬度、塑性及韧性的变化规律并说明引起变化的原因。

2.（8分）计算含碳 5% 的铁碳合金平衡冷却至室温时，室温组织中二次渗碳体的质量分数。

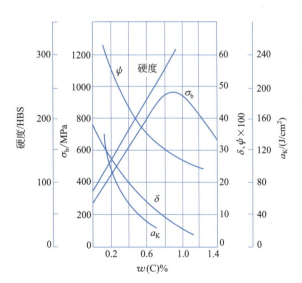

五、将一块纯铁在 800℃下进行渗碳，若纯铁表面碳的质量分数为 6.69%。

1.（7分）示意画出纯铁表面至心部的碳质量分数分布曲线，并在所画曲线图中标出相应的相组成物。

2.（7分）说明碳质量分数曲线分布的原因。

六、（15分）下图为 Al-Cu 二元合金相图，将含 w_{Cu}=2% 的合金棒在固相中无扩散、液相中完全混合、液固界面平面推进的条件下进行不平衡凝固。计算凝固始端固相的成分；确定凝固结束后共晶体占铸锭棒长的体积分数，并示意画出合金棒中溶质（Cu）浓度分布曲线。

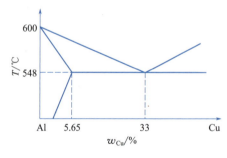

七、(12分) 简述层错能高低对螺型位错交滑移的影响,及其对金属加工硬化速率的影响。

八、(15分) 工业纯铜的熔点为1083℃,在较大冷变形后的工业纯铜板上取3个试样,第1个试样加热到200℃,第2个试样加热到500℃,第3个试样加热到800℃,各保温1h然后空冷。试画出各试样热处理后的显微组织示意图,说明在强度和塑性方面的区别及原因。

九、 下图为 Cu-Ag-Cd 三元合金系的液相面投影图。

1.（4分）确定图中 O 合金的熔点及结晶出的初生相。

2.（10分）分别写出图中 a 点成分和 b 点成分的液相参与的四相平衡反应的名称、反应温度、反应式。

3.（4分）写出该合金系中铸造性能最好的合金的成分。

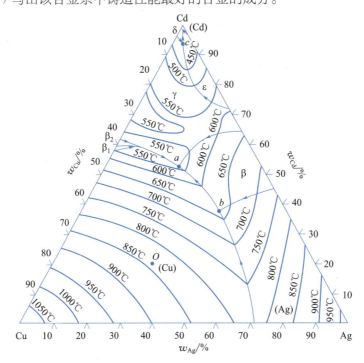

十、(10分) 什么是全位错？试说明FCC晶体中肖克莱不全位错和弗兰克不全位错的成因和运动特点。

江苏大学2015年硕士研究生入学考试试题（金属学与热处理）

一、名词解释（每题3分，共30分）
1. 金属键 2. 动态过冷度 3. 伪共晶 4. 单变量线 5. 交滑移 6. 反应扩散
7. 钢的淬硬性 8. 红硬性 9. 孕育处理 10. 多边化

二、简答题（每题8分，共48分）
1. Al-Cu相图的局部如下图所示：
（1）分析5.6%Cu合金和5.7% Cu合金在平衡凝固和快速冷却不平衡结晶时室温组织特点。
（2）图中的α相为何种晶体结构？

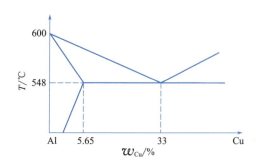

2. 在立方体中标出如下图所示的各晶面和晶向指数。

（1）图（a）中待标定晶面：ACF、AFI（I 位于棱 EH 的中点）、$BCHE$、$ADHE$。

（2）图（b）中待标定晶向：BG、EC、FN（N 位于面心位置）、ME。

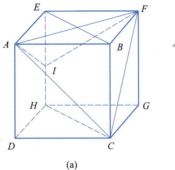
(a)

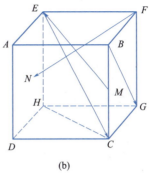
(b)

3. 在下图所示的简单立方晶体的 1、2 两个面上分别有一条位错线 CD、AB。回答下列问题：

（1）指出 CD、AB 各位错的类型。

（2）画出位错 AB 和位错 CD 交割后各自的形状，指出产生割阶或扭折的长度。

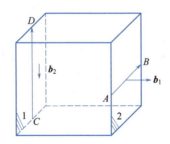

4. 对碳含量为 1.2% 的碳钢，制订出测定奥氏体晶粒度的方法。

5. 有两个 T10 钢小试样 A 和 B，A 试样加热到 760℃，B 试样加热到 850℃，均充分保温后在水中冷却，哪个试样的硬度高？为什么？

6. 简述 40CrNi 钢淬火高温回火后常用水或油冷却的原因。

三、综合题（每题 18 分，共 72 分）

1. 计算含碳 5% 的铁碳合金室温组织中所有渗碳体类型的质量分数，并画出室温的金相组织示意图。

2. 简述影响过冷奥氏体等温转变曲线的主要因素，并回答过冷奥氏体等温转变曲线与过冷奥氏体连续冷却转变曲线的区别。

3. 为细化某纯铝的晶粒，将其冷变形 6% 后于 650℃ 退火 1h，组织反而粗化；增大冷变形量至 80% 再 650℃ 退火 1h，仍然得到粗大晶粒。试分析其原因，并论述影响再结晶晶粒尺寸的因素。

4.（每题 6 分）高速钢的成分和热处理工艺比较复杂，试回答下列问题：
（1）高速钢中 W、Mo、V 合金元素的主要作用是什么？
（2）高速钢 $W_6Mo_5Cr_4V_2$ 的 A_{C_1} 在 800℃ 左右，但淬火加热温度在 1200～1240℃，淬火加热温度为什么这样高？
（3）常用 560℃ 三次回火，为什么？

江苏大学2016年硕士研究生入学考试试题（金属学与热处理）

一、**名词解释**（每题3分，共30分）

1. 间隙化合物　2. 临界过冷度　3. 二次再结晶　4. 离异共晶　5. 多系滑移
6. 上坡扩散　7. 科氏气团　8. 奥氏体的稳定化　9. 蠕变　10. 季裂

二、**简答题**（每题8分，共48分）

1. 画出镍晶体的一个晶胞，并完成下列题目：
（1）（4分）计算（110）、（111）晶面的原子密度，并进行比较。
（2）（4分）在图上画出发生滑移的一个晶面以及这个晶面上所发生滑移的晶向。

2. 给出下列公式，说明公式中各物理量的含义。
（1）Hall-Petch 公式　　（2）扩散第二定律

3. 今通过实验测得下列相图，试判断这些实验结果的正确性。如果是错的，指出错误所在，并说明理由。

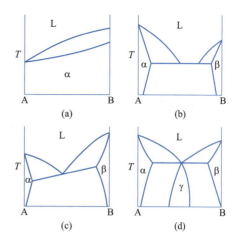

4. 示意画出钢的理想淬火冷却曲线，并加以说明。

5. 在下图所示的 Pb-Sn-Bi 相图中，标出成分为 5%Pb、30%Sn 和 65%Bi 合金所在位置，写出该合金凝固过程，画出其在室温下的组织示意图。

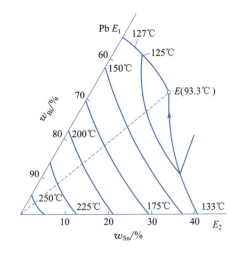

6. 简述中、高碳钢马氏体具有高强度（硬度）的原因。

三、综合题（每题18分，共72分）

1. 从（a）、（b）、（c）三张铁碳合金平衡组织图中确定其大致的碳含量（说明理由），并计算铁碳合金相图中二次及三次渗碳体的最大含量。

2. 根据题意完成下列问题：

（1）（8分）绘图表示，在两个相互垂直的滑移面上，柏氏矢量相互垂直的两个刃型位错，发生交割之前和交割之后的情景，并说明反应结果。

（2）（10分）工业纯铜的熔点为1083℃，在较大冷变形后的工业纯铜板上取三个试样，第一个试样加热到200℃，第二个试样加热到500℃，第三个试样加热到800℃，各保温1h然后空冷。说明各试样热处理后的显微组织及在强度和塑性方面的区别。

3. 共析钢的过冷奥氏体 C 曲线（TTT 曲线）如下，请写出经过图中所示 6 种不同工艺处理后材料的组织名称以及硬度排列（从高到低）。

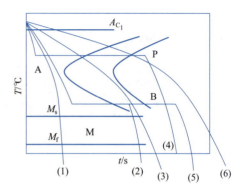

4. 试比较 9SiCr 钢和 T9 钢在化学成分、热处理工艺、使用状态下组织、性能和应用上的异同点。

江苏大学2017年硕士研究生入学考试试题（金属学与热处理）

一、名词解释（每题3分，共30分）
1. 配位数　2. 成分过冷　3. 直线法则　4. 非平衡共晶　5. 滑移系
6. 动态回复　7. 自扩散　8. 过冷奥氏体　9. 临界淬火直径　10. 石墨化

二、简答题（每题 8 分，共 48 分）

1. 根据题意完成下列题目：

（1）(4 分) 在一个立方晶胞中画出（111）面及（1̄10）面，并画出同时位于该两面上的属于 <112> 晶向族中的某晶向。

（2）(4 分) 画出间隙相 VC 的一个晶胞。

2. 什么是单系滑移、多系滑移、交滑移？三者滑移线的形貌各有何特征？

3. 分析界面结构和温度梯度对晶体生长形态的影响。

4. 用 20 钢进行表面淬火和用 45 钢进行渗碳处理是否合适?为什么?

5. 设 A、B、C 三元共晶相图中，α、β、γ 三种固溶体分别是以组元 A、B、C 为溶剂的，$T_A > T_B > T_C$，$E_{AB} > E_{AC} > E_{BC}$（T_A 为组元 A 的熔点，E_{AB} 为组元 A、B 的共晶点，其余类推）。

（1）（4分）画出 T 温度下的水平截面图，$T < E_{AB}$；$T > E_{AC}$、E_{BC}。

（2）（4分）分别说明水平截面图与垂直截面图的作用。

6. 简述奥氏体在何条件下可以转变为片状珠光体，在何条件下转变为球状珠光体。

三、综合题（每题18分，共72分）

1. 下图是平衡态下碳含量对碳钢力学性能的影响。

（1）（6分）分析图中强度、硬度、塑性及韧性的变化规律，并说明引起变化的原因。

（2）（8分）计算含碳0.4%的铁碳合金，在室温时平衡组织中铁素体和渗碳体的相对量，以及先共析铁素体和珠光体的相对量，并画出室温下的显微组织示意图。

（3）（4分）试根据铁碳相图作铁碳合金在727℃时，有关相的成分－自由能曲线示意图。

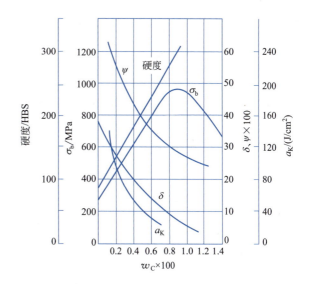

2. 分别说明凝固时以及固态相变时的均匀形核和非均匀形核，同时解释固态相变为什么主要依靠非均匀形核。

3. 下图给出了黄铜在再结晶终了的晶粒尺寸和再结晶前的冷变形量的关系。我们知道，退火温度越高，退火后晶粒越大，而图中曲线却与退火温度无关，这一现象与上述说法是否矛盾？该如何解释？

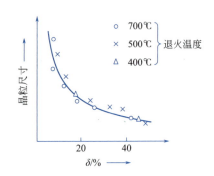

4. 解释下列问题：

（1）（6分）铝合金的晶粒粗大，不能靠重新加热热处理来细化。

（2）（6分）在一般钢中，应严格控制杂质元素 S、P 的含量。

（3）（6分）4Cr13 含碳量为 0.4%（质量分数）左右，但已属于过共析钢。

江苏大学2018年硕士研究生入学考试试题（金属学与热处理）

一、名词解释（每题3分，共30分）
1. 空间点阵 2. 形核功 3. 公切线法则 4. 蝶形规律 5. 再结晶织构
6. 反应扩散 7. 惯习现象 8. 分级淬火 9. 奥氏体稳定化元素 10. 白口铸铁

二、简答题（每题8分，共48分）
1. 根据题意完成下列题目。
（1）（4分）在FCC晶胞图上画出任一个四面体间隙位置，指出该间隙的中心坐标。
（2）（4分）示意画出室温下T12钢的平衡组织及正火组织。

2. 纯金属凝固时，为什么说"过冷是结晶的必要条件"？

3. 为什么晶体的滑移总是发生在原子最密集的面,并且沿着最密集的晶向进行?

4. 淬火冷却时,生产中常用什么方法使工件既能得到马氏体又可以减小变形与避免裂纹?

5. 说明 M_d 的物理意义，若在 M_d 点以上对奥氏体进行塑性变形会产生什么现象？

6. 根据高速钢的成分特点，说明铸态高速钢不能直接使用的原因。

三、综合题（每题18分，共72分）

1. 根据 Fe-Fe$_3$C 相图完成下列题目。

（1）（8分）作铁碳合金在860℃及600℃时，有关相的成分－自由能曲线示意图。

（2）（10分）计算含碳3.5%的铁碳合金各组织组成物在室温下的质量分数及各组成相的质量分数。

2. 画出组元在固态有限溶解的三元共晶相图的投影图，并以一组元为例写出不同区域室温下的组织。

3. 根据题意完成下列题目。

（1）（5分）通常中碳钢正常加热淬火后得到混合马氏体，若采用高温淬火可以显著增加板条马氏体的量，有利于韧性的提高，解释其原因。

（2）（8分）说明再结晶全图的作用。在制订再结晶退火工艺时特别要注意什么问题？

（3）（5分）对45钢提出测定奥氏体晶粒度的方法。

4. 完成下列题目。

（1）（10分）试比较说明感应加热表面淬火与渗碳在工件选材、工艺特点、组织及性能上的差别。

（2）（8分）分析说明壁厚铸件可得到石墨组织，而在壁薄时却得到白口组织。

江苏大学2019年硕士研究生入学考试试题（金属学与热处理）

一、**名词解释**（每题3分，共30分）

1. 层错 2. 点阵匹配原理 3. 晶内偏析 4. 重心定律 5. 交滑移
6. 再结晶织构 7. 原子扩散 8. 实际晶粒度 9. 氧化不起皮 10. 硬铝合金

二、简答题（每题8分，共48分）

1. 根据题意完成下列题目：
（1）（4分）在 BCC 晶胞图上画出任一个八面体间隙位置，计算其间隙半径。
（2）（4分）示意画出 45 钢的平衡组织及正火组织。

2. 纯金属形核时必须同时满足哪些条件？

3. 铁丝在室温下反复弯折，会越弯越硬直至断裂；铅丝在室温下反复弯折，则始终为软态，说明其原因。

4. 钢的淬透性常用什么方法来测试？如何从测试结果来评判钢的淬透性高和低？

5. 固态相变有哪些主要特征？哪些因素构成了相变阻力？

6. 作为精密量具，可以采用什么方法来减小淬火变形稳定其尺寸？

三、综合题（每题 18 分，共 72 分）

1. 根据铁碳相图，示意画出含碳 1.3% 的铁碳合金从液态缓慢冷到室温的冷却曲线以及冷却过程中组织的变化过程，计算该合金各组织组成物在室温下的质量分数以及铁素体的质量分数。

2. 根据题意完成下列题目。

（1）（6分）在 FCC 晶体的（$\bar{1}11$）面上，可以运动的位错的柏氏矢量是哪些？它们相应能在哪些面上运动？

（2）（6分）说明同素异构转变、马氏体相变、脱溶转变的主要区别。

（3）（6分）形变孪晶和退火孪晶形成机制有何不同？试说明它们的显微组织特征。

3. 根据 Fe-Cr-C 三元系垂直截面图（13%Cr）：

（1）（6分）指出 795℃发生的反应，说明判断依据。

（2）（6分）比较平衡结晶 Fe-13%Cr-0.2%C 合金与 Fe-0.2%C 合金室温组织的区别。

（3）（6分）能否在这张图上计算出两相的相对质量？为什么？

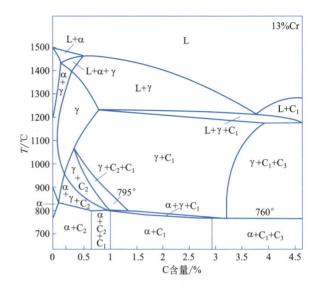

4. 完成下列题目。

（1）（6分）高碳钢淬火后得到针状马氏体，若要在高碳钢淬火组织中获得部分板条马氏体，可采用什么方法？说明其原因。

（2）（6分）指出下列牌号材料的类别（若为钢，指出牌号所属的钢种）：ZL102、W18Cr4V、Q235、TC4、5CrNiMo、60Si2Mn、1Cr18Ni9Ti、Cr12MoV、H70、GCr15、B5、QT600-2。

（3）（6分）选择一种合适的材料制作汽车、拖拉机齿轮，写出其加工工艺路线，并说明在工艺路线中有关热处理工序的作用。

参考文献

[1] 陶杰,姚正军,薛烽. 材料科学基础[M]. 3版. 北京:化学工业出版社,2021.
[2] 蔡珣,戎咏华. 材料科学基础辅导与习题[M]. 3版. 上海:上海交通大学出版社,2008.
[3] 范群成,田民波. 材料科学基础学习辅导[M]. 北京:机械工业出版社,2005.
[4] 刘智恩. 材料科学基础常见题型解析及模拟题[M]. 西安:西北工业大学出版社,2001.
[5] 陈秀琴,刘河. 金属学原理习题集[M]. 上海:上海科学技术出版社,1988.
[6] 潘金生,仝健民,田民波. 材料科学基础[M]. 北京:清华大学出版社,1995.